おはなし天文学
1

おはなし天文学

［1］

斉田 博

地人書館

おはなし天文学 1　目次

本書は、一九七三年に小社から刊行された『おはなし天文学』の新装版である。

怪天体あらわる！

星でない物体

「いまXビルの真上にふしぎなものが見えているんだが……」

と友人から電話がかかった。一九七二年一〇月一三日の夕方である。

「赤く光っているが、非常に大きいから星じゃないと思う。それに動かないんだ。まわりの者は、空飛ぶ円盤だとか、ジャコビニ流星に関係があるんじゃないかとさわいでいるよ」

友人の声はかなり興奮しているようであった。私は仕事を中断して、とにかく外へとび出した。たしかにXビルの上にはめざす物体があった。日没直後の、やや黒ずんだ青空を背景にして、それはりんごのような赤みをおびて光っていた。一瞬わが目を疑ったほど異様な光景であった。

Xビルは私の事務所と友人の会社との、ちょうどまんなかにある。友人はそれをXビルの真上に見えているといい、私もそれをXビルの上に見ている。とすれば、この物体が星でないことは明らかだ。ふつうの星なら、友人のいる場所からも、私の立っている位置からも、おなじ方向に見えるはずである。だからこの物体の高さは低いことになる。それに電話を受けてからかなりの時間動かないのだから、もちろん流星ではない。

それだけ確かめると、とりあえず事務所にもどり、私は「星ではない。気球だと思う」と友人に電話で答え、ものさしをもってふたたび外に出た。いちおう物体の高度や方位角を測定しておこうと思ったからである。

だが、もうその時には、その姿はどこをさがしても見えなかった。「しまった！」と思ったが、あとのまつりであった。私は日没直後という時間感覚を失っていたのだ。冷静なつもりでいたが、こんな失敗をしたところをみると、私もかなり興奮していたのかもしれない。

人さわがせな気球

それを見たのは日没直後ではあったが、空に浮かぶ気球にはまだ光が届いていたわけで、やがて太陽が深く沈むと、もはや気球にも光が当たらなくなり、われわれの目の前からすがたを消したのであった。

理由はわかっていても、異様なながめであった。映画やテレビに出てくる空飛ぶ円盤を思い起こさせるものであった。「地球のみなさん、われわれはあなたたちと友好関係をむすぶためにやってきたのです」という宇宙人のきまり文句が聞こえてくるような気さえ起こさせるものだった。

あとで聞いた話だが、放送局、新聞社、天文台、気象台はいうにおよばず、一一〇番も一一九番も、問い合わせの電話に悩まされたとのことであり、埼玉県警などは広報車をくり出して気球だと説明して回ったとか。防衛庁もレーダーで探索したという。数日前にジャコビニ流星のさわぎがあり、その興奮がさめていなかったため、こんな騒動をまき起こすことになったのかもしれないが、それにしても人さわがせな気球であった。

このようなさわぎのなかで、冷静に気球のゆくえを追いかけた人たちがあったことを書いておく必要があろう。その人たちとは、天文の好きな青少年のグループである。彼らとて怪物体の出現に、一時は興奮したにちがいない。だが、彼らは、あれよあれよとさわぐばかりの人たちとはちがっていた。彼らは双眼鏡をもち出して、いちはやくその正体をつきとめたし、高度角や方位角を記録することを忘れなかった。これらの記録は全国的に集められ、気球の移動状況が明らかにされていったのである。

一二ページの図はそのような天文アマチュアの団体の一つ、「星の広場」がまとめた「気球のコース図」である。

この気球は東京大学の打ち上げた気象観測用ゾンデの気球で、一二日午後四時半ごろ岩手県大

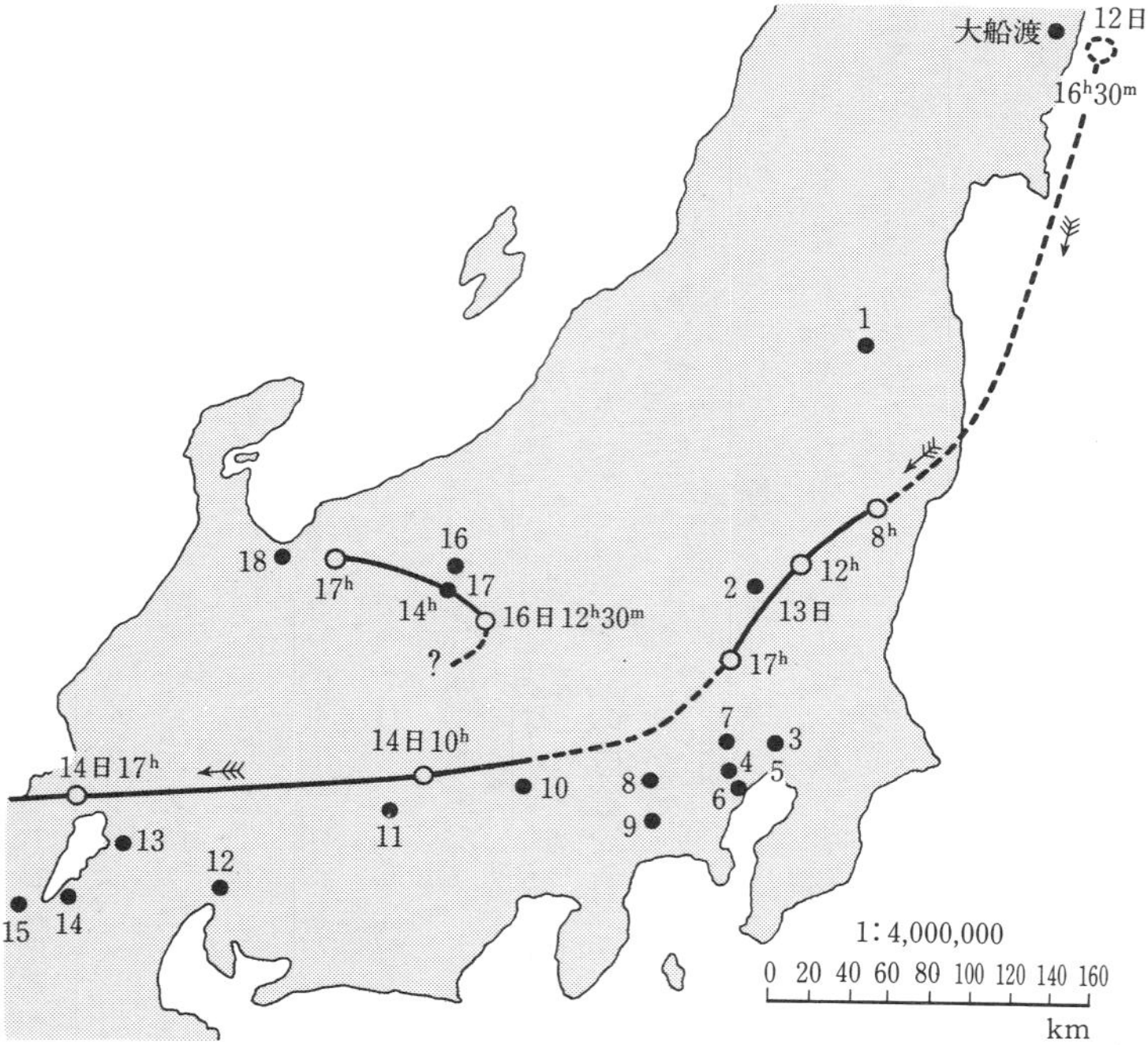

気球のコース(1972年10月12日〜16日)．○が気球の位置，●は観測点．

船渡市沖の太平洋上から上げられ、間もなく観測用の計器だけを回収、あとは高度三八キロメートルで自然に割れるようになっていた。ところが三五キロメートルまでしか上昇せず、北風に乗って日本列島を南へ流れだしたものであった。この気球の旅は、「星の広場」が作成した図で見ていただこう。この図は、単に気球の流れたコースを示すだけでなく、高空での風速や風向きを知るうえでも貴重な資料となっている。

　怪物体のさわぎの間に、若い天文アマチュアたちは、日頃つちかった観測技術を活用して、このようなりっぱな仕事をやってのけたのであった。

人工衛星の落下火球

この気球さわぎの三週間前にも、ちょっとしたことがあった。九月二二日午後八時ごろ、沖縄の南東約五六〇キロメートルの西太平洋上を、高度九・三キロメートルでタイへ向けて飛行機中の米トランスワールド航空機が、なぞの宇宙飛行体を目撃したのである。これが報じられると、われもわれもと目撃者が現われた。「夜、光る物体が飛んでいくのを見た」とか、「それは進んだり逆もどりしたりした」というのである。これらの話は、やがて「空飛ぶ円盤」説へと転化されていった。「爆音が聞こえないから飛行機の墜落ではない」とか、「写真にとられたのだからほんものだ」とか、うわさはひろがっていく。

だが、このときも、天文アマチュアたちによって正体がつきとめられた。これは人工衛星が落下するときに見える火球のようである。この物体は五島列島と奄美大島を結ぶ線上、高度一〇〇キロメートルぐらいの上空を北から南へ飛行したことがわかったのだが、けっして「進んだり逆もどりしたり」してはいないのである。

空飛ぶ円盤ではない

ところで人工衛星の落下は、日本でも一九六六年以来、今回の分をふくめると五個目撃されている。これらはすべて天文アマチュアによるものだ。近年の記録によると、人工衛星は毎年一ダースぐらいずつ落下している。だから、今後も、今回のようなさわぎが起こる可能性は大いにあるわけである。

それにしても、このように、今回の現象が空飛ぶ円盤ではないことがはっきりしているにもかかわらず、あるテレビ局は、夜の番組で空飛ぶ円盤に関する特別番組を放送した。このとき写された写真を見せ、「進んだり逆もどりしたり」という前に書いたいつわりの証言をとりあげて「ふしぎですな、やっぱり実在するのかもしれませんねえ」ということばを、有名なタレントに連発させていたのは、ナンセンスというべきであろう。

悩まされる天文台

一九七二年の三月末ごろにも新聞に出るほどのさわぎがあった。このときは、西の低い空に、まぶしい怪天体が毎日のように出現する、というので、天文台は数日間、問い合わせの電話に悩まされたという。天文台の人たちは貴重な時間をさいて、いちおうは調べたらしい。なんのことはない。そのころ低い西空には、金星、火星、土星という明るい三個の惑星が、おたがい接近して見えていたし、とくに金星はまぶしいほどに輝いていたのである。おそらく金星を怪天体と思ったのだろう。

こんなことが起こるのは、最近のようにスモッグがたちこめていたり、ネオンやサーチライトなどの人工灯火によって、昔のように満足に星など見えなくなってしまっているため、たまに低い空に見なれない星を見るとびっくりしてしまうのかもしれない。

最近は宇宙時代といわれ、空の現象に目を向ける人がふえたことはよいことだが、まちがった連想から多くの人たちに迷惑をかけてしまうことが起こりやすくなったようだ。星空が正しく理解されてこそ、真の宇宙時代がやってくるものなのだ。

それにしても、なんと星が見えなくなってしまったことか。

宇宙のなかの太陽

ウインクする時間ほどの昔

一九七三年はポーランドの天文学者コペルニクス（一四七三―一五四三）の生誕五〇〇年というので、全世界で記念行事がもよおされた。これを記念して、前年にはコペルニクスという名の人工衛星も打ち上げられている。ルネッサンスという大科学運動の火ぶたがコペルニクスによって切って落とされたといわれるだけでなく、「コペルニクス的転回」ということばがあるように、ものの考え方における革命を起こした点で、人類の歴史上でも重要な役割をはたした人である。

その革命を起こしたのは、彼がこの世を去った一五四三年、いまから四三〇年も前のことであるが、宇宙の誕生から現在までの期間を人間の一生になぞらえると、これはウインクをする時間ほどの昔ですらない。

けれども、ものの考え方の革命が行なわれたのは、そのまたたく間以来のことであり、それほど宇宙は広大無限な存在だということが感じられてならない。

ショック、そしてむなしさ

かつて宇宙は、いまから考えると、ちっぽけな、こぢんまりしたものであった（そう考えられていたのだ）。地球がその中心にあり、上は天国、下は地獄であった。太陽や月は単なる付属物にすぎず、昼間われわれを照らすために太陽を、夜間に光をなげかけるために月を、それぞれ神がこしらえたものとされた。星にいたっては、人間の手が届かないかなたにある、すきとおった球の上にはりつけられた飾り物にすぎなかった。科学が発生する以前には、観測される現象にあわせて宇宙のしくみを考えるということがなかったのだと思われる。

科学が生まれ進歩していくにつれて、観測事実によく合う説明がつぎつぎに現われてくるようになったが、いぜんとして地球中心の、こぢんまりした宇宙という姿を一歩も出ることはなかった。時代が進み、ギリシャが科学文明の中心的な役割を演ずるようになると、少なくとも水星と金星は太陽のまわりを回ると考えられ、太陽の地位に変化をもたらす学説が生まれたし、さらに一歩進めて、宇宙の中心に太陽を置くという考えも一部にはとなえられたことがあったが、大勢としては、地球は宇宙の中心に置かれたままであった。

この考え方にショックを与えたのがコペルニクスであった。地球を宇宙の中心からはずして、かわりに太陽をもってきたのである。これは神に対する反逆であり、冒とくでさえあった。観測技術の進歩とともに、コペルニクスの正しさが証明されていったが、中世の人たちにとっては、われわれの住む地球が宇宙の中心にはないという心のむなしさを、ぬぐい去ることはむずかしかったにちがいない。地球が宇宙の中心にあればこそ、空の現象は人間を中心にくりひろげられるものと理解してきたし、星ぼしのならび方に神話の世界をもちこんで、生活のうるおいを感ずることもできたのではないだろうか。

しかし、科学は、そのような夢のような考えをうちやぶってしまったのである。そのかわり、地球中心という立場をとるかぎり説明のできなかった現象、とくにふしぎな動きを示す惑星の運動が、地球と太陽の立場を置きかえることによって、たやすく理解できるようになった。それだけでなく、未知の世界を征服していくうえに、科学がいかに大きな力をもっているかを示すことにもなった。これは大きな喜びでもあったが、あらたなむなしい現実を示すことにもなった。それは太陽系の空虚さである。

尊い星——太陽

もしも太陽を直径一センチメートルの小さい球と考えたらどういうことになるだろう。地球はそれから一・一メートル離れたところを永久に回転する小さな砂つぶでしかない。太陽球を中心とした半径四〇メートルの範囲のなかには、地球を表わす砂つぶをふくめて、たった九個の砂つぶしかないのである。それらの砂つぶには、もちろん大きいもの、小さいものがあるが、それにしてもなんと空虚な模型であろう。

そのむなしさを救ってくれるものは、太陽の壮観である。われわれから一億五千万キロメートルのかなたにあって、なおもまぶしい光をなげかけるし、あたためてくれる。それも数十億年の長きにわたってつづけられてきたし、今後も当分（天文学的時間で）この状態はつづくはずである。

このようなばく大なエネルギーが、どのようにして生まれるのかは、長い間のなぞであった。前世紀の前半でさえ、これだけのエネルギーを、ごく短時間でも連続して放出できる燃料は考えられなかったのである。われわれはいま、そのエネルギー源が、水素がヘリウムにかわる核融合反応による物質の破壊であることを知っている。その破壊は毎秒約四〇〇万トンの物質を消費するというはげしさであり、そのためには毎秒五億トンの水素を消費しなければならないという計算になる。ものすごい損失だが、太陽の質量の五分の三を水素とすれば、太陽は一のつぎに〇が二七個もつらなるほどのばく大なトン数の水素をもっているのだから、現在の速さで水素を消費しつづけたとしても、まだまだ太陽が焼けきってしまうことはない。だから安心して日の出をおがむことができるというものである。

まことに太陽はふしぎな物体だ。古代人にとっては、太陽は神のようなものであったし、いまでも宗教、伝説、民族行事のなかに、そのおもかげがのこっている。昼と夜の交替をもたらし、時間の考えを与えてくれる太陽は、いま地球上に住んでいる未開民族にとっても、生活のささえとなっているという。そして、生命を維持してくれる尊い星なのである。

宇宙はひろい

地球が宇宙の中心の座をうばわれたことに対して感じた中世の人たちのむなしさは、このような太陽の存在によって、すこしはぬぐうことができたかもしれない。だが、科学は非情にも、さらに大きなむなしさを積みかさねていった。神ともあがめられる太陽を、特別に注目するに値しない、単なる一個の星にしてしまったからである。

晴れた夜、空には数知れない星のまたたきが見られる。その多くは太陽よりも年をとっているし、より大きくさえある。しかし、これとても、われわれの太陽が属している銀河系のほんの一部にすぎない。そのなかには、太陽のような星がだいたい一千億個もあるといわれている。そしてわが太陽は、この銀河系の片すみに置かれていることがわかっている。

ここで銀河系の大きさを調べておこう。われわれが日頃使っているものさしでは、とてもはかりきれるものではない。さきほど太陽系の模型を考えたように、太陽の大きさを直径一センチメートルの球とすると、太陽に最も近い星でさえ、なんと二九〇キロメートルも離れたところにある。つまり東京に一センチメートルの球を置くと、つぎの球は豊橋あたりにあるというわけで、銀河系もまた空虚なことを思い知らされる。こんなわけで、新しいものさしを使わなければ、それこそあつかいにくいものになってしまう。

天文学者たちはいろいろなものさしを使うが、最も理解しやすい単位は光年である。すなわち、一秒間に約三〇万キロメートルも走る光が一年間かかって届く距離を一光年とする。この単位を使うと、最も近い星、ケンタウルス座のアルファ星（残念ながら日本からは見えない）までは四・三光年ということになる。銀河系の遠い端まで行くのに、光で約一〇万年もかかる、つまり一〇万光年というわけである。われわれが太陽から光を受けるのにわずか八分しかかからないのだから、銀河系の大きさは、とてつもないものであることがわかる。

まだおどろくのは早い。宇宙には銀河系のようなものが非常にたくさんあるからだ。それらのなかで、われわれの銀河系に最も近いものがアンドロメダ星雲とよばれるものである。よく澄んだ晩秋の夜空に、うすいミルクの痕跡のようにしか見えないが、見なれた人には肉眼でも見えるものである。

それからの光がわれわれの目に届くのに二〇〇万年以上もかかる。いいかえれば、いま見る姿は二〇〇万年以上も前の星雲だということになる。

大きな望遠鏡に特殊な写真乾板をつけ、長い時間露出すると、そのような銀河系がうんざりするほどたくさん写る。近年大きな発展をとげた電波天文学による観測方法によると、もっと遠くの天体がとらえられる。そしていまでは一〇〇億光年のかなたの現象が、その観測対象にさえなっている。

一〇〇億光年とは

ここで一〇〇億年という意味を考えてみよう。いまの天文学では、宇宙の年齢はだいたい一〇〇億年だろうと考えられている。したがって、一〇〇億光年という遠い場所に起こっている現象を観測し研究するということは、とりもなおさず宇宙の生まれたときのすがたと取組んでいることになる。

先年アメリカに行ったとき、ケネディ宇宙基地のロケット組立工場を見学した。この建物は一五〇メートル以上もあるのだが、その一二〇メートルぐらいの高さのところから下をのぞいたら、一階にいる人たちはアリのように見えた。一メートルを一億光年とすれば、一〇〇億光年とは、まるで一階にいる人を観察していることになる。

ニューヨークのエンパイア・ステート・ビルディングは、いまでこそ、おなじニューヨークの国際貿易センターに追いぬかれてしまったが、一〇二階、高さ三八一メートルもある。その屋上から地上をながめることは、高所恐怖症ぎみの私など、とうていできることではなかったが、その一階を一億光年とすると、一〇〇億光年とは、屋上から地上を観察することを意味する。それがいかにたいへんなことであるかがわかろうというものだ。

星のモデル太陽

ちょっと横みちにそれたが、いま天文学は、それこそ神のたすけをかりずに、宇宙の始まりのなぞをときあかそうとしている。その研究のなかには、もちろん星の誕生や進化の研究もふくまれている。そして、この種の研究を進めるときには、しばしば身近にあるモデルをえらんで、重点的に、徹底的に調べるという方法がとられるものである。そのモデルにふさわしい星の一つ、それがわが太陽なのである。

太陽は宇宙のなかの、とるにたりない一個の星だと考えるかぎり、むなしい存在かもしれないが、科学はその太陽に、宇宙のなぞをとくかぎの一つを見出そうとしているのだ。

黒点周期の発見

ほほえましい学生たち

前に書いたが、太陽の研究は重要な意味をもっている。しかしアマチュアにできることといえば、黒点の観測がその大半を占めるようである。小さな望遠鏡でもできるし、だいいち昼間にやれることはまことにつごうがよい。最近ほうぼうの学校に、望遠鏡をおさめたドームが見られるようになったが、昼食もそこそこにドームにかけつける学生たちの姿は、ほほえましいものである。

短い昼休み時間を、一分でも有効に使おうとする真剣なまなざしを見ると、目がしらがあつくなることさえある。こうして得られた観測記録は、先輩から後輩へとひきつがれ、貴重な資料としてのこされていく。ただ残念なことには、せっかくの記録が、整理されずにうずもれてしまったまになっていることが多いのである。

バルカンを求めて

黒点の観測という話になると、ドイツのシュワーベ(一七八九—一八七五)のことを欠かすわけにはいかない。

シュワーベは一八二五年一〇月三〇日から太陽の観測をはじめた。水星よりも太陽に近い惑星をさがしてみたらと、友人からすすめられたからで、黒点を観測するのが目的ではなかった。当時(いまでもそうだが)、太陽にいちばん近い惑星は水星で、いろいろな理由から、水星よりも太陽に近い惑星が存在するにちがいないという説が出され、各方面から注目されていたのである。この仮想の惑星にはバルカンという名もつけられていた(バルカンについては一一三ページを参照)。

このバルカンは太陽にあまりにも近いため、夜はもちろん、夕方や明け方の空でも観測はできないもので、皆既日食で、太陽の光が月にかくされたときに見つけるか、この星が太陽面を通過するときにとらえるよりほかに方法はなかった(この理由も一一五ページ、バルカンの項を参照)。もしバルカンが太陽面を通過するのを観測したとすれば、それは小さな黒点のように見えるはずであった。この点は本来の黒点とはちがう運動をしているので、たやすく見わけられると考えられたのである。

シュワーベはくる日もくる日も太陽面を観測し、刻明に黒点を記録していった。だが、バルカンをとらえることはついにできなかったのである。

なぜ失敗したか。理由はかんたんである。バルカンは存在しなかったからだ。しかし、もしこの星が存在したとしても、彼の使った望遠鏡では、それをとらえることはできなかったであろう。彼は二台の望遠鏡を使用したようである。一台は焦点距離三・五フィートのものを口径一・七五インチで使い、もう一台は六フィートの焦点距離で、いつも口径二・五インチ以下で観測した。望遠鏡は、当時ヨーロッパでもっともすぐれた腕をもつフラウンホーファー（一七八七―一八二六）が作ったもので、性能はすぐれたものであったが、バルカンをとらえるためには、なんとしても力不足であった。

バルカンの観測には失敗したが、毎日のように太陽面を見つめているうちに、たえず変化を見せる黒点に愛着をおぼえるようになったのである。

シュワーベの観測法

シュワーベはそのとき三六歳、ドイツのデッサウで薬剤師をしていた。はば広い趣味をもち、近所にはえている植物のカタログを作ったり、寒暖計や気圧計の目盛を毎日三回ずつ規則正しく記録していた。変わり者だったのかもしれない。

バルカンさがしを中止したシュワーベは、休むことなく黒点観測をつづけた。観測には望遠鏡をのぞく方法をもちいないで、白い紙に太陽像を大きく写し、それを見るという、いわゆる投影法というやり方をとっている。黒点群には、太陽の縁から出現した順にしたがって番号をつけ、毎日その動き、形の変化をノートに記録していった。そして、観測法も、望遠鏡も、記録のしかたも、生涯における最後の観測まで変えなかったのである。

観測者のなかには、つねに器械を改良したり、大きい望遠鏡に変えたり、観測法を変更したりする人がいるものである。その方がよりよい観測、くわしい観測ができる場合があることは確かである。しかし、少なくとも二〇年も前の記録と今日の結果とをくらべることが必要であったり、どのように変化していくかを知るには、おなじ方法による連続観測が原則となるものだ。シュワーベはこの原則を忠実にまもったわけである。

以前の黒点観測

黒点の連続観測を行なったのはシュワーベが最初ではない。ガリレオ（一五六四―一六四二）は一六一〇年六月に、ファブリキウス（一五六四―一六一七）は一六一一年四月に、シャイナー（一五七五―一六五〇）もおなじころに黒点観測をはじめている。とくにシャイナーは、望遠鏡に曇りガラスを取りつけるというくふうをこらしている。ガリレオが失明したのは、このような曇りガラスを使用しなかったからだとも考えられているほどである。

望遠鏡発明以前にも、ケプラー（一五七一―一六三〇）は、一六〇七年五月二八日に、太陽光線を細い穴を通して暗室のなかに投射させ、紙の幕の上に太陽像を写しだし、黒点を見ている。そして、これが水星なのか、太陽面にくっついているものかを確かめようと、ひきつづき観測をしている。

したがって、黒点の形、大きさ、数、それらの変化などについては、シュワーベ以前にもかなりの記録がのこされており、太陽の自転周期さえ、それらの観測から求められていた。日本でも麻田剛立《ごうりゅう》（一七三四―一七九九）は手製の望遠鏡で黒点の連続観測を行ない、太陽の自転をとらえているのである。

けれども、シュワーベほど長期にわたって、しかも精力的に観測をつづけた人はなかったのである。黒点の状況は、変化するといっても、毎日見ていると、そんなにきわだって変化を見せてくれるわけではない。それだけに根気がいる、きびしい観測といえる。彼はその苦業に耐えぬいたのであった。

シュワーベの黒点観測
(25年間の観測で２回の極大，極小を確かめた)

観測年	年間 黒点群数	観測日数	観測年	年間 黒点群数	観測日数
1826	118	277	1839	162	205
1827	161	273	1840	152	263
1828	225	282	1841	102	283
1829	199	244	1842	68	307
1830	190	217	1843	34	312
1831	149	239	1844	52	321
1832	84	270	1845	114	332
1833	33	267	1846	157	314
1834	51	273	1847	257	276
1835	173	244	1848	330	278
1836	272	200	1849	238	285
1837	333	168	1850	186	308
1838	282	202			

黒点周期の発見

上の表は一八二六年から一八五〇年までの、シュワーベが観測した黒点群の数である。参考のために各年の観測日数も示しておいた。いうまでもなく、一年は三六五日である。しかるに三〇〇日以上も観測した年があるのにおどろかされる。よほど晴天にめぐまれたのだろうが、なかなかできないことだ。

表のなかの年間黒点群数を見ると、年によって増減があることがわかる。彼は一八三八年までの観測で、一八二八年の極大、一八三三年の極小、一八三七年の極大を確かめたのち、一八三八年に観測結果をはじめて発表した。そのとき、彼は黒点活動、すなわち出現数がある周期にしたがってふえたり減ったりするのではないかという考えをもちはじめていたようだが、このときの発表では、観測結果のみにかぎった。根拠がはっきりしていないのに、デ

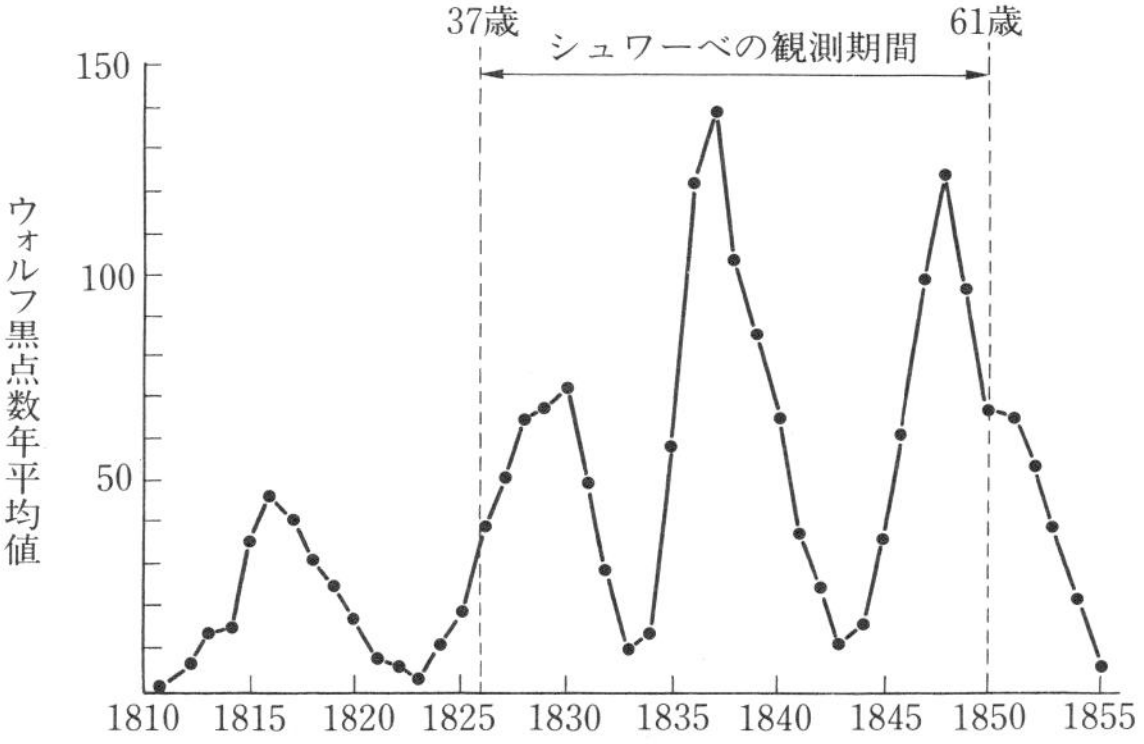

ウォルフ黒点数年平均値.

ータだけから、科学的「発見」を公表する人のなんと多いことか。シュワーベのとった態度は見ならうべきことである。

彼はさらに観測をつづけ、一八四三年の極小をとらえた。これで二回の極大と二回の極小を確かめることができたわけである。そこで彼は『天文報知』に論文を出すことにした。そのなかで、周期は約一〇年であると発表したのであった(現在では一五〇年以上にわたる観測から平均した一一・一三年という値が考えられている)。

その発見は無視された!

黒点周期の発見は歴史にのこる偉業の一つである。しかし、その発見がいかにすぐれたものであっても、その価値がすぐにみとめられるとはかぎらないものだ。それどころか、発見者が死んでからみとめられることさえある。シュワーベの場合も、学界に刺激を与えるまでにはいたらなかった。彼の論文は読まれなかったからである。

彼の論文の題名は「一八四三年の黒点観測」という魅力のないものだったから、注目をあびなかったとも考えられる。せっかく重要な成果を得ながら、発表のしかたが十分でなかったのかもしれない。シュワーベはまったく無名のアマチュア天文家だったし、論文に数式をもちいなかったことも、注意をひかなかった理由の一つだろう。

彼が、その発見が、歴史にのこるほどの重要なものであると考えていたかどうかについては、調べる方法はないが、偉大な発見者としてさわがれなかったために、一人静かに観測をつづけられたことは、彼にとっては、むしろ幸福であったにちがいない。

フンボルトの友情

シュワーベの論文は無視されたと書いたが、それはかならずしも正しい表現ではない。たった一人だが、それに注目した有力な人があったからだ。その人の名をフンボルト（一七六九—一八五九）という。探検家で科学解説家としての、休むことを知らない活動により、かずかずの業績をのこした人であるが、とくに、南アメリカのフンボルト海流、赤道地帯に住むフンボルト・ペンギンにその名をのこしているし、地図上に等温線を描くことを提案したのは彼である。天文学に対しても、「しし座の流星雨」を紹介するなど、大きな役割をはたしている。

シュワーベの論文を読んだフンボルトは、シュワーベに手紙を出し、自分のもっている疑問の答を求めた。そして、その返事を受け取ったとき、これは「ほんもの」だと信ずるようになった。

フンボルトは一八五二年に出版した『宇宙（第三巻）』に、おおよそつぎのように書いた。

「今日の天文学者たちは、すぐれた観測器械をもっているが、薬剤師にすぎないシュワーベよりも黒点に対する継続的な注意をはらったものはない。彼は二四年もの長期にわたって、ときには一年間三〇〇日をこえる観測を行なったのだ。一八四四年から一八五〇年までの観測結果は未発表のものだが、それを私に知らせてくれた。さらに私の質問にもこころよく答えてくれた。これにこたえるのは私の義務であり、彼に対する友情のしるしでもある」

フンボルトの『宇宙』は、宇宙的な立場から地球をとらえようとした本で、科学の歴史上最高の書物にかぞえられている。したがって、ひろく読まれ、シュワーベの発見ははじめて学界の注目をあびることになった。一八五七年、シュワーベはイギリス王立天文協会から金メダルをおくられ、その黒点周期の発見がたたえられたのである。

発見の意味するもの

シュワーベの活躍した一九世紀は、あいつぐ観測技術の進歩により、アマチュア天文家の貧弱な設備と知識では、もう発見などという機会は得られないものだと考えられていた。天文学者たちの活動が、以前にも増してはなやかだっただけに、平凡な太陽黒点の数の変化というものは、誰も注目しなかったのである。そのような状況のなかで、アマチュア本来の、根気という武器を使って、シュワーベは大きな仕事をなしとげたのであった。

いま天文学は、宇宙のはじまりのすがたを追求するまでに進展し、観測器械は一新されてしまった。アマチュアが小さな器械で観測している月や惑星、その他の小天体に対しては、宇宙探査機が直接近づいて観測をするまでになっている。これでは、アマチュアの天文家の活躍する余地はなさそうで、まったくさびしくなってしまう。しかし、シュワーベの時代もアマチュアはおなじような状況に置かれていたのだ。それを、彼はみごとに切りひらいていったのである。

だいじなひらめき

ここでシュワーベの発見の意味をもう一度考えてみよう。発見やりっぱな仕事は、器械だけではできないということだ。だいじなことは、観測をつづけることであり、その記録を分析する力をもつことであり、それから、自然界のなかにひそむ規則性を見出す、一種の「ひらめき」を生むことであろう。

黒点についても、望遠鏡が発見される前から、数多くのものが肉眼でとらえられている。とくに中国では、大昔から、異常な天体現象を見つける仕事が重要視されていたから、調べれば、き

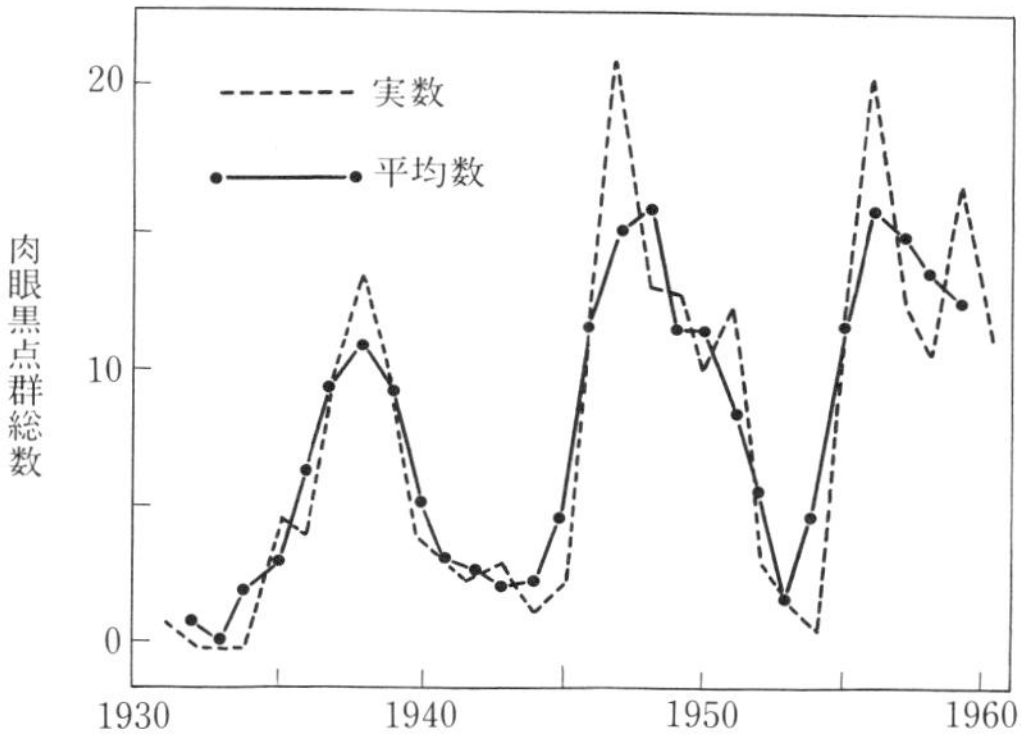

肉眼的黒点からだけでも周期として約11年が求められる.

っとぼう大なデータが保存されていたにちがいない。近年の研究では、肉眼で見えるほどの大黒点にかぎって調べても、約一一年の周期があることがわかっている。したがって、古代中国やギリシャ時代にさかのぼらなくても、望遠鏡が使われはじめたころの天文家たちによっても、黒点周期を発見する機会はあったはずである。

しかし、それはなされなかった。シュワーベをして発見させた原動力は、データを処理する能力、規則性を見いだす「ひらめき」であったといえよう。そして、その「ひらめき」は、天文に対する情熱と、たゆみない努力なくしては生まれなかったであろう。

この項のはじめに、学生諸君が黒点観測に精出していることを書いた。数人の熱心なアマチュアをのぞいて、長期間にわたって記録がのこっているのは、学校の天文クラブだ。この貴重な資料のなかには、すばらしい発見がひそんでいるかもしれない。

太陽は光の道すじを変える

ゾルドナーの予言

最近、相対性理論に関する読みものがつぎつぎに出版されている。なかにはSFばりの解説書もあるし、まんがたくさんはいった本もある。四次元世界なんていうことばも、日常会話のなかに、なんの注釈もなく顔を出す。本書の読者なら、この種の本に一度ならず目をとおされたことがあるだろう。ことわるまでもなく、相対性理論はアインシュタイン（一八七九—一九五五）が発表した理論だが、その正しさを示す一つに、光が太陽のそばを通るとき、太陽の重力にひきつけられて、光線の方向が変えられるという現象がある。

だが、アインシュタインより一〇〇年以上も前に、ゾルドナー（一七七六—一八三三）がこの考えを発表していることは、あんがい知られていないようである。彼は一八〇四年版の『天文学年報』に、つぎのような論文を発表した。

「光が粒子ならば引力によって影響を受けるはずで、粒子が引力の中心近くを通るとき、その速度が速いため、引力の中心のまわりに双曲線の軌道を描くことになる。その結果、光の方向は変えられる」というもので、彼によれば、太陽の縁を通る光は、角度にして〇・八七五秒も向きを変えられるというものであった。しかし、彼の予言は無視されてしまった。その後、光は粒子ではなく波だとする説が有力になり、波が引力の影響を受けるわけはないとされたからであった。

アインシュタインの値

一八八八年に、光電効果というふしぎな現象が発見され、一九〇五年にアインシュタインは、光を粒子と考えれば説明できると発表し、彼はこれによりノーベル賞を得た。光が粒子からなるということになると、太陽の引力による光線のまがりという問題が、ふたたび息を吹き返すこととなった。

アインシュタインによれば、光が太陽の近くを通るときにまげられる角度（α）はつぎの式で表わされる。

$$\alpha = 4GM / c^2R \quad (\text{ラジアン})$$

Gは万有引力の定数、Mは太陽の質量、cは光の速度、Rは太陽に最も近づいたときの太陽の中心からの角距離（太陽の半径を単位とする）である。これにG、M、cの値を入れて、この式を書きなおすと、つぎのようになる。

$$\alpha = 1.75 / R \text{（角度の秒）}$$

この式から、光が$R=1$つまり太陽の縁を通るときにαは最大となり、角度で一・七五秒もまげられることがわかる。この大きさは、約三キロメートル先にある一〇円玉を見るほどの小さいものである。

観測はむずかしい

太陽のそばを通る光というのは、太陽のそばに光っている星の光のことである。太陽が出ているときは昼だから、星の光は見えないはずだが、皆既日食のときだけは、太陽の光がかくされるので、星が見えるようになる。したがって、観測は皆既日食のときにかぎられるという不便なものだ。

Rが大きくなるにつれて、つまり太陽から離れた星ほどαは小さくなるわけだから、観測にあたっては、できるだけ太陽に近い星をえらぶわけだが、やっかいなことに、太陽にはコロナがあって、日食を見るのには美しいながめでも、この種の観測にはじゃまになる。コロナが星をかくしてしまうからだ。したがって、観測できる最も近い星でさえ、かなり太陽から離れたものにな

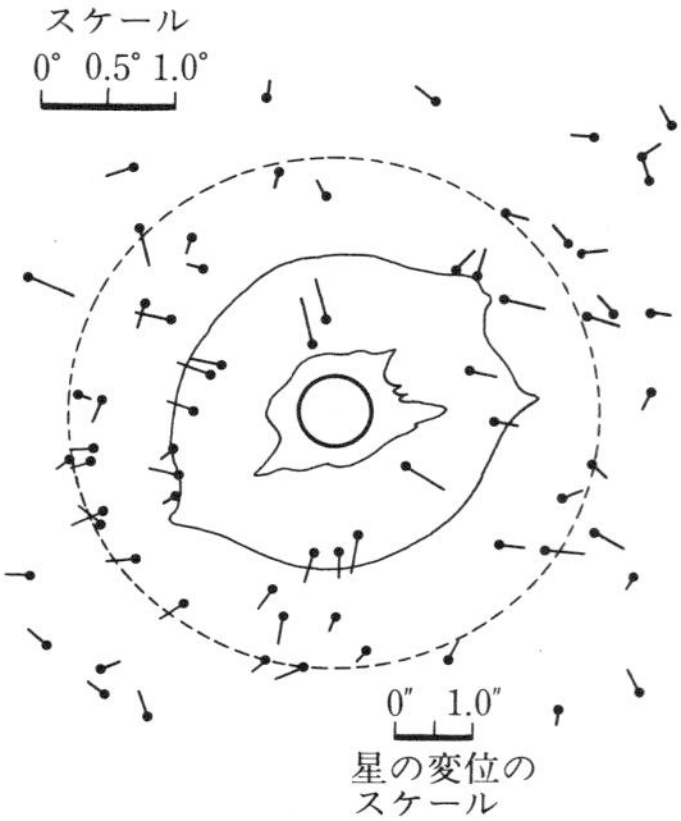

1922年9月21日，リック天文台隊による観測結果．星の変位が複雑なことを示している．破線は半径2度の円．

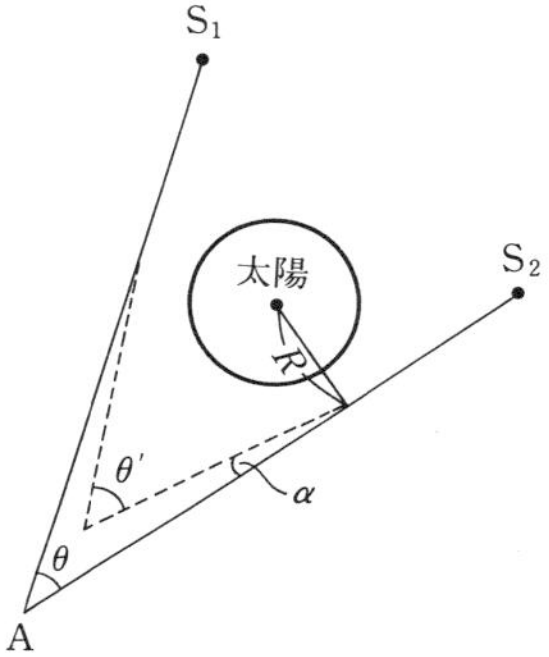

太陽の直径角度よりわずかに大きく離れている二つの星S_1，S_2をえらぶ．太陽がないときは，A点では角距離θを観測するが，太陽があるときはθより大きいθ'となる．

ってしまう。

こうして写された皆既日食中の、太陽付近の星の写真と、数か月前、または後の、夜に写したその星の写真とをくらべるのである。そうすると、もし太陽のそばを通るとき、星からの光がまげられるならば、日食のときの星の位置は、太陽から遠ざかるような位置に移動しているはずだから、夜の写真に見られる位置とは、ほんのわずかだが差がみとめられるだろうというわけである。

しかし、日食時間が短かったり、太陽の高度が低くて大気による影響が大きかったり、日食中の気象条件の急な変化があって、これが星の見える位置に影響を与えたり、暗い星が写らないことなどもあって、日食中の写真と夜の写真とをくらべるということは、そうたやすいこと

太陽による星の変位観測値一覧表

天文台	観測地	食の日	星の数	*R*	α″	誤差(″)
グリニッジ	ブラジル	1919/5/29	7	2〜6	1.98	0.16
グリニッジ	ブラジル	1919/5/29	11	2〜6	0.93	−
グリニッジ	プリンシープ	1919/5/29	5	2〜6	1.61	0.40
グリニッジ	オーストラリア	1922/9/21	11〜14	2〜10	1.77	0.40
ビクトリア	オーストラリア	1922/9/21	18	2〜10	1.75	−
ビクトリア	オーストラリア	1922/9/21	18	2〜10	1.42	−
ビクトリア	オーストラリア	1922/9/21	18	2〜10	2.16	−
リック	オーストラリア	1922/9/21	62〜85	2.1〜14.5	1.72	0.15
リック	オーストラリア	1922/9/21	145	2.1〜42	1.82	0.20
ポツダム	スマトラ	1929/5/9	17〜18	1.5〜7.5	2.24	0.10
ポツダム	スマトラ	1929/5/9	84〜135	4〜15	−	−
スタンバーグ	ソビエト	1936/6/19	16〜29	2〜7.2	2.73	0.31
仙　台	日　本	1936/6/19	8	4〜7	2.13	1.15
仙　台	日　本	1936/6/19	8	4〜7	1.28	2.67
ヤーキス	ブラジル	1947/5/20	51	3.3〜10.2	2.01	0.27
ヤーキス	スーダン	1952/2/25	9〜11	2.1〜8.6	1.70	0.10

Sciamaの表による．鈴木敬信著『日食と月食』に所載の表とは違いがある．

ではない。観測器械につきまとう誤差も無視できない。なにしろ最大一・七五秒しか位置はずれないからだ。

二枚の写真から求めた星の位置のずれは、前に述べたアインシュタインの式を正しいものと仮定したうえで、**R**＝**1** つまり太陽の縁における α の値に換算することになる。しかし、いままでに得られた値は、かならずしもアインシュタインが予言した一・七五秒とは一致していない。

得られた観測結果

この方法による観測は、いままでに何回か試みられたが、最初に成功したのは一九一九年のグリニッジ天文台による観測隊で、ダイソン、エディントン、ダビドソンらが、ブラジルと西アフリカに陣どって、上表のような結果を得ている。ついで一九二二

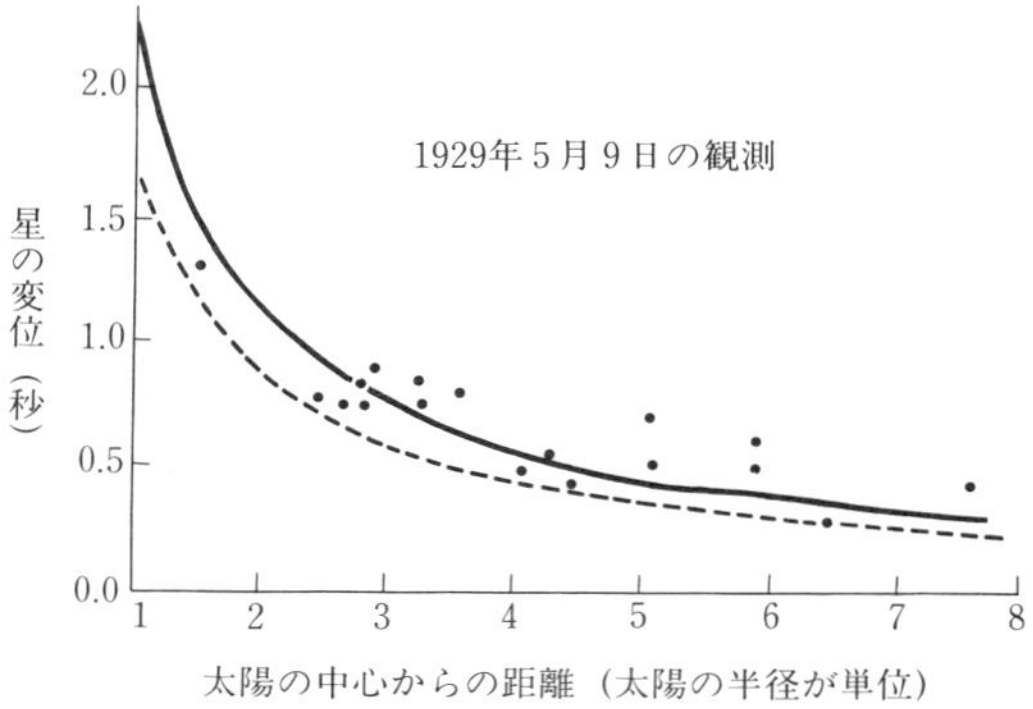

ポツダム天文台隊の観測結果図．破線はアインシュタインの理論値．実線の方がよく合っている．

年には、リック天文台のキャンベル、トランプラーらがオーストラリアで、理論値と非常によく似た値を得ている。

ところが、一九二九年のポツダム天文台のフィンレイ・フロインドリヒ、フォン・クリューベル、フォン・ブルンらによるスマトラ日食での観測では、なんと二・二四秒という値であった。この値が、それまでに得られたものと大きくちがっていたことから、観測の精度が問題になった。写真に写っている星のえらび方によっても、αの値がかなりちがってくるということも問題になった。

一九三六年のシベリア日食におけるミハイロフが観測した値は、この問題をさらに大きくすることとなった。彼は二・七三秒という、とてつもない大きい値を得たからである。

一方、バンビースブロックは一九四七年（ブラジル）に二・〇一秒、一九五二年（アフリカ）に一・七〇秒という、やや理論値に近い値を得たものの、ミハイロフは、このデータを検討して、バンビースブロックとはちがった二・二〇秒と一・四三秒という値を算出した。その後ミュンヘン天文台のシュマイドラーは一九五九年のアフリカにおける観測から二・一七秒を得たという。

以上のような結果から見ると、アインシュタインの理論値は、日食観測の方法からは確認されたとは、どうもいいきれないようである。これは、理論値が正しいとしても、日食時の写真による観測法そのものに、むずかしさがあるのではなかろうか。とくに最近の観測値が理論値よりもかなり大きくなっているのは、なにをものがたっているのだろうか。このへんの理由は、いまのところはっきりしていないようである。

その他の観測法

ところで、皆既日食のときにしか観測できないということは、なんとしても不便である。一九一九年から一九七二年までの約五〇年の間に、皆既が観測できたのは、わずか二時間ていどにしかならない。しかも不便な場所へ多額の費用を使って出かけるわけだし、大望遠鏡が使えるわけでもない。もっとよい方法はないのだろうか。そのいくつかを考えてみよう。

① 木星の縁をかすめる光は、理論上〇・〇一七秒まげられるという。木星からの光と恒星からの光を区別する方法は容易だから、精密観測をする学者が出てくるかもしれない。

②二個の恒星があって、そのうちの一個が、他の星のまわりをぐるぐる回っているというものがある。これは連星とよばれるが、かなりたくさんある。この連星の一方が、地球から見て他の星のうしろを通るときに、光のまがりが観測できるかもしれない。もっとも、この方法による観測はまだないようだが。

③光は空間における長短距離（測地線という。幾何学ではふつう直線とよんでいる）を通るという理論からすると、太陽の近くで光がまがるということは、太陽附近の空間がまがっているともいえる。光の性質と似ている電波も、光とおなじように、太陽のそばを通るときにはまげられるはずだ。

電波ならば太陽大気や地球大気による屈折などの影響からまぬがれるという利点がある。地球から見て、惑星が太陽のそばに見える（昼だから実際には見えないが、その位置はくわしくわかっている）とき、地球からの発射電波がどのくらいの時間で惑星から反射されて帰ってくるかを測定すればよい。空間がまがっていないときの所要時間とくらべると、ほんのわずかだが長くなっているはずである。この時間差から理論値を確かめることができる。

この方法は一九六五年、アメリカ、マサチューセッツ工科大学リンカーン研究所のシャピロによって提案された。彼によれば、水星を例にとれば、約四か月ごとに地球から見て太陽の向う側にかくれる（これを外合という）。つまり地球と水星がいちばん離れたときになるが、地球から発射した電波は、一往復するのに約二五分かかるのだが、太陽の重力によって電波がまげられると、まっすぐ行く場合よりも約〇・〇〇〇二秒おくれるというのである。

これは現在の技術では測定可能である。彼はそのために高出力発信機と低ノイズ・メーザー受信機を作り、一九六六年に金星の外合前後、さらに一九六七年の一、五、八月の水星の外合前後に観測を行なったのである。その結果、観測誤差の範囲内で、アインシュタインの理論値に合う値を求めることができた。しかし、惑星の運動の変化についてのくわしい研究が〇・〇〇〇二秒というような値を求めるためにはまだ不十分で、もっと研究が必要のようだ。

④　火星探査機マリナーも外合になることがある。これも③の方法によって調べる対象になる。

⑤　近年話題になっているクェーサーのなかに 3C279 と 3C273 というのがある。3C279 の方は、毎年一〇月八日には太陽にかくされるが、このクェーサーから見かけ上七度離れた 3C273 の方は、光のまがりが感じられるほど太陽には近づかない。したがって前者が太陽に近づいたときと、そうでないときの、二つのクェーサーの間の関係位置を調べて、その差から光のまがり方をつきとめようというのである。

アメリカ、カリフォルニア工科大学のセイルスタッドらは約一キロメートル離れた二台の電波干渉計を使って観測し、一九七〇年に一・七七秒という値を得た。おなじ大学のムールマンたちは二一キロメートル離れた二台の電波干渉計で測定し、一・八二秒という値を得ている。このほか前述のシャピロたちはマサチューセッツ州のヘイスタック、ウエストバージニア州のグリーンバンク、カリフォルニア州のオーエンス・バリーにある三台の電波望遠鏡で、いま観測中である。⑥これも最近注目をあびているパルサーという、規則正しいパルスを出す天体を利用するのである。正確に決められるパルスの到達時間が、パルサーの方向に太陽があるときとないときとでは、わずかながら差を生ずるはずだからだ。

またまた新しい理論

アインシュタインの理論値は、光学的観測によっては完全には証明されたとはいえないようだが、新しく登場した電波天文学の手法によって、精力的に確かめられつつある。

ところが、ここにアインシュタインの理論値を否定する理論が登場して話題となっている。それは、アメリカ、プリンストン大学のディッケが発表した「スカラー・テンソル理論」というものにもとづくのだが、それによると、光はアインシュタインの式から予想されるほどまがらないというのである。そしてディッケは、光のまがる値として、一・六五秒を提出した。両者の差はわずか〇・一秒しかない。けれども、いずれが正しいかは、大きな問題なのである。いまのところ、観測誤差を考えると、どちらが正しいかはいえない。しかし興味をよぶ問題であり、今後の観測に注目したいところである。

地球上の緯度と経度

便利な地図

一度も行ったことのない土地で家などをさがすとき、私はかならず地図をもっていくことにしている。町名地番を聞いておき、あらかじめ地図上でその場所を確かめておくし、電話があればその番号も書きとめておく。これだけの準備をしておけば、よほどのことがないかぎり失敗しない。

ところが、地図がない場合は苦労する。たとえば、遊んでいるこどもたちに聞くと、たいてい「あっち」と指さすだけで役に立たない。中学生くらいになると、途中の目じるしになる建物などを教えてくれるし、大人は距離、所要分数なども知らせてくれるのだが、明確な答が得られたことは、あんがい少ないものである。ひところは市街電車の停留所が目じるしとして役に立っていたが、いまはそれがなくなっているし、代用としてのバスの停留所はなかなか気づかないものだ。しかし、目に見える目じるしは、たとえあいまいなものであっても心強いし、かぎられたせまい地域では、大きな助けになる。

けれども広い地域や、目ぼしい建物、地形などが見あたらない場合となると、ことはめんどうである。数年前、アメリカのアリゾナをおとずれたとき、時速一二〇キロで砂漠地帯をつっ走ったことがあったが、見わたすかぎり地平線で、まるで西部劇の主人公になったようなこころよさを感じたが、半面、ちょっとした不安をいだいたものである。車が事故をおこし、大地のまんなかにとりのこされてしまったら、――こんな不安がふと頭のかたすみを横切った。

砂漠のなかや、海の上などで、自分がいったいどこにいるのかわからないときの心細さは、たいへんなものだろう。これを救ってくれるものが、地図である。

方角を知る

地図に欠かせない要素の一つに方角がある。クイズにつぎのようなものがある。「地球上どこへ行ってもかならずあるものはなにか」。答は「東西南北」ということになっている。方角は東西南北だけではないし、北極や南極では方角は一つ（北極では南だけ、南極では北だけしかない）にかぎられているから、この答は厳密な意味では正しくないが、おもしろいクイズである。どんな場所でも、東西南北が決まれば、その位置を正しく表わすことができる。地図はこの原理を応用したものといえるだろう。

ところで、その方角はどのようにして決めたものだろうか。いちばんかんたんな方法は太陽の出る方角を東、沈む方角を西とすることであろう。そして、東西のまんなかの方角を南と北にすればよい。しかし、日の出と日の入の方角は、毎日変化することは、ちょっと注意すればわかることであり、したがって、この方法にもとづくかぎり、東西の方角は一定しない。これでは役に立たない。

古代の人たちもこのことに早くから気づいていた。そして、つぎの方法によって、正しい南の方角を知ることができたのである。水平な地面に垂直に棒を立てると、太陽の光を受けて地面に棒の影ができる。太陽が動いていくにつれて、棒の影も移動していくが、太陽の高さが変わるので、影の長さも長くなったり短くなったりする。そして、一日のなかで太陽が最も高くなったときに影は最も短くなる。影が最も短くなるとき、影の方向は毎日一定であることを知ったのである。そのときの影の方角を南北と定めた。この南北線に垂直な方角を東西としたわけである。さらに棒の影が南北を示す時刻、つまり一日で太陽が最も高いときをその場所の正午としたのであった。

緯線は東西方向に

さて正午の太陽の高さは、たいていの場合観測者の真上（天頂という）にはなく、ある角度だけずれている。決められた日にその角度をはかり、その角度の等しい場所をえらんで線で結んでゆくと、正しく東西方向の線が描ける。この線を緯線とよぶ。地球上には、春分、秋分の日に正午になると、いつも太陽が天頂に来る場所があり、そこでは棒の影ができない。それらの場所を結んでできる緯線を、とくに赤道とよんでいる。

もちろん赤道も東西に走ることになるので、すべての緯線は赤道に平行となり、地球を一まわりして円を描く。この円は、赤道から離れるにしたがって小さくなっていくが、ついには円とはならずに点となる。この点は地球上に二か所あって、赤道の北にある点を北極、南にある点を南極とよんでいる。これら二つの極は地球の自転軸の端であり、両極を通って地球を一周する線は無数にあるが、それらの線の、両極間のまんなかにあたる点を東西方向に結んだ線が、すなわち赤道である。

地図にはじめて緯線を記入したのはギリシャのディカエアルコス（前三五五頃—前二八五頃）といわれるが、彼はアレキサンダー大王の遠征軍がもち帰った各地の記録をもとにして、そのような地図を作ったらしい。

つぎに問題になるのは、無数にある緯線を区別することである。これに対しては角度の単位が使われた。理由ははっきりしないが、古くから地球一まわりの角度は三六〇度とされていた。したがって、赤道から北極までの道のりは、地球の四分の一周にあたるので、赤道を緯度〇度とすると、北極は北へ九〇度、つまり北緯九〇度とし、反対に南極は南緯九〇度ということになったわけである。

また、真夏（正しくは夏至）の正午に太陽が天頂に来る地点を結んだ緯線を北回帰線と名づけているが、これは北緯二三・五度である。その反対に、冬至の場合のそれを南回帰線という。夏至に太陽が地平線の下に沈まない場所を北極圏とよぶが、その最南の緯線は北緯六六・五度であり、その反対が南極圏ということになる。

経線は南北方向に

しかし、緯線だけでは地球上の位置は決まらない。たとえば、清水市も京都市も北緯三五度の緯線の上にある。位置を決めるにはもう一つの要素が必要である。中学で直角座標を使う幾何学に接するが、一つの点はX、Yという座標によって決められていたことを思い出してほしい。緯線をY座標とすれば、もう一つのX座標にあたるものが経線である。

緯線が東西方向に走るのに対して、経線は南北方向に走るものを使うのが、なにかにつけて便利である。地球の場合には、北極と南極を通る線をあてる。そうすると、おなじ経線上にある場所では、いつもその場所の時刻がおなじになるという利点がある。中国やわが国では、十二支で方角を示す場合、北を子（ね）、南を午（うま）としていたので、経線が北と南を結ぶところから、子午線とよんでいる。

いうはやさしいが

さて、緯線と子午線が測定できれば、地図にそれを記入することになるわけだが、いうはやすく、行なうはかたし、ということがこの場合にもあてはまる。

緯線を描くことは、その場所の緯度を測定することにほかならない。これはそれほどむずかしいことではない。前にも書いたように、春分、秋分の日に正午の太陽の高さをはかればよいし、北極星の平均の高さを測定すればよい。けれども子午線、つまり経度の測定は難問であった。

これにはどうしても正確な時刻が必要になってくるので、今日のような精密で、しかも持ちはこびのできる時計、あるいは無線による報時法が生まれるまでは、正確な経度は求められなかったのである。したがって、精密な世界地図が作れるようになったのは、つい二〇〇年前のことである（『おはなし天文学2』参照）。

基準子午線を決めるまで

経度が精密に測定できたとしても、つぎに難問がひかえていた。無数にある子午線のうち、どの子午線を基準にするかということである。いいかえれば、どの子午線からかぞえはじめるかということである。緯度の場合は、赤道という特殊な性質をもったものが、自然界に存在していたから、赤道からかぞえはじめることに、なんの障害もなかったのだが、経度の場合は、そうかんたんにはいかなかった。子午線には特殊な性質をもつものはないし、どの子午線からかぞえはじめても、原理的には問題はない。その問題がないことが、問題となったのであった。

中世の末ごろにはエルサレムを通る子午線からかぞえる方法が多く採用されたようである。しかし、航海という目的のためには、リスボンからかぞえる方が便利だったかもしれない。一七世紀から一八世紀にかけて、ヨーロッパに、パリ天文台、グリニッジ天文台などの大天文台が作られたのは、遠洋航海には欠かすことのできない経度の測定にその最大の目的があったのであるが、各国とも、その首都を通る子午線からかぞえていた。

したがって、ある国で出版された航海暦を他の国で使う場合には、そのなかに記入されている経度を換算しなければならなかったほどであった。その不便をなくすために、まちまちな子午線を基準にすることをやめて、統一しようという動きが出るのはとうぜんのなりゆきであった。

しかし、この問題に対してもトラブルが生じた。イギリスはグリニッジ天文台を通る子午線を基準にすることを主張し、フランスはパリ天文台の経度を〇度にせよと要求してゆずらなかったのである。この論争があまりにもはげしかったので、部外者は、ほかの案を示して和解させようとした。

ある人はローマのサンピエトロ寺院のドームの中心を通るものを〇度子午線にしたらと提案した。これはかなりの支持を得たものの、思いがけないところからもうれつな反対が起こった。プロテスタントがこぞって反対にまわったのであった。また、ある人は大ピラミッドの頂上を通る子午線を提案した。これは地球上で最古の建築物だと考えられていたので、うまい思いつきであったが、当時ピラミッドの精密な位置がわかっていなかったため、支持は得られなかった。

このような複雑ないきさつがあって、たいへん難航したが、一八八四年に、ワシントンでの子午線会議において、グリニッジ天文台を通る子午線を〇度子午線（本初子午線という）とすることが決議されたのである。現在グリニッジ天文台はハーストモンソーというところに移ってしまったので、正しくは旧グリニッジ天文台のエアリー子午環の中心を通る子午線といわねばならない。

経度、もう一つの表わし方

こうして本初子午線が決まると、経度はここからかぞえることになる。すなわち、この子午線から西と東に向かって、それぞれ西経、東経何度というようにかぞえてゆき、ちょうど本初子午線の反対側で、西経一八〇度と東経一八〇度の子午線がかさなることになる。これはちょうど太平洋のまんなかにあたる。

経度はこのようにして度数で表わされるわけだが、地球が二四時間で自転しているということを考えに入れると、経度を時刻で表わすこともできる。二四時間に地球は三六〇度回転するので、一時間に一五度の割合で回転するわけである。したがって、本初子午線上の場所が正午なら、東経一五度上の場所は午後一時ということであり、東経一三五度の明石市は午後九時となる。したがって明石市は東経一三五度というかわりに、午後九時（または二一時）と表わしてもよいわけである。

一方、西経一五度は午前一一時となって、西経の方は本初子午線の時刻よりもおくれた時刻で表わされる。そうなると、東経一八〇度は午後一二時（二四時）であり、西経一八〇度は午前〇時となる。ところが東経一八〇度と西経一八〇度はおなじ位置であるため、ここでは、東まわりと西まわりのかぞえ方で二四時間、つまりまる一日もへだたった時刻をあわせもつことになる。このくいちがいをなくすために、この場所で日付を一日ずらすことにした。したがってこの子午線は日付変更線となる。

実際には、便宜上ところどころまがっているが、考え方は述べたとおりである。飛行機でこの線を越すとき、日付変更線通過証をスチュワーデスが手渡してくれる。ただし日付も時刻も記入されていないから、めいめいが書き入れるのだが、たいていは空欄のまま、机の引き出しのなかでねむっていることだろう。

ところで北極と南極はどうなるのだろう。この地点には、すべての子午線が集まる。したがって、度数でも時刻でも表わせない。いつだったか新聞の特集記事を読んだとき、南極にいるアメリカ探検隊は、ニュージーランドの時刻を使っているということを知った。位置を表わす時刻はない。いや無数にあるのだが、生活するための時刻は、最も便利なものを使っているというわけである。

これでどうやら地球上の場所を正確に表わすことができたようだ。ひと安心というものである。

その線は見えないが

一番星を見つけても

古い星図を見ると、尾をひいた彗星がどのような場所に見えたかを記入したものに出くわす。有名なハレー彗星のようなものが、とつぜん現われたときの、昔の人たちのおどろきが目に見えるようであり、それをたんねんに追いつづけた人たちの努力がしのばれる。星図に記入された彗星の通り道は、動かない星の位置を基準にしたものである。それでは、動かない星を、どのようにして図に記入することができたのだろうか。

最近ではあまり見かけることもなくなったが、私の小さいころは、歌にもあるように「一番星見つけた」とさけんで、友達よりも早く星を見つけることを得意がったものである。星を見つけたとき、まだ見ていない友達にその位置を教えてやらねばならない。杉の木の上にだとか、あの屋根のちょっと左というように指さしたものである。それでも、どこだ、あそこだといい合って、その星の位置を知らせようと、いろいろな方法を使うので骨が折れたことを思い出す。

夏休みになると、私は学校からたのまれて、校庭などで星を見る会を開くことがある。たいていは北極星、たなばたの星、さそり座のアンタレスという星などを見ることからはじまるのだが、いくら指さしても、なかなか「あの星」がそれだと理解してはくれない。プラネタリウムで星を示すときは、矢印が投映できるので便利だが、校庭ではそういうわけにはいかない。古代人も、星の位置を示すのに苦労したことだろう。

天の北極と南極

古代人は、宇宙の中心は地球であり、はるかかなたに、地球を中心とした天球があり、星はその天球にはりついていると考えた。この考えにもとづいて星図が作られたのだが、現在の星図も、この考えにもとづいていると思って差支えないだろう。

古代人の天の地理学はまったくかんたんなものである。地球のまわりの、見かけ上の天球は、地球とおなじように、緯度と経度とによって分けられていた。地球の北極と南極を通る地軸を無限に延長してゆき、天球とぶつかる点をまず考えた。北極方向に延ばした線がぶつかる点を北極とし、南極方向に延ばした線が天球とぶつかる点を天の南極とした。また、地球の赤道の真上にある線を天の赤道と考えたのである。

星は毎日東の方から現われ、西の方へ動いていく。これは地球が西から東の方へ自転しているために、そのように見えるだけだが、この考えは、ギリシャのヘラクレイデス（前三八八頃―前三一五）が見出している。注意してみると、天の北極に近い星ぼしは、東から出て西に沈むような動きを示さずに、天の北極を中心にして、そのまわりを回っていることがわかる。そして天の北極に近い星ほど、小さな円を描くこともわかる。カメラを天の北極方向に向けて長時間露出すれば、その様子がはっきりととらえられる。

われわれの住んでいる北半球からは、北極の近くにたまたま明るい星があって、半径一度ぐらいの小さい円を描いて動いているのが見える。たしかに動いているのだが、一般には、いつもおなじ位置にとどまっているように見えるので、昔から北の方角を知るのに使われており、その名も「北極星」とよんでいる。不幸なことに、南半球の住人には北極星は見えないし、南極星とよべるような便利な星はない。したがって、南半球で、星を使って南の方角を知ろうとするには、ちょっとしたくふうが必要となる。

星の位置を表わす

さて、仙台市と銚子市はほとんどおなじ子午線上にある（東経一四〇度五四分と一四〇度五一分）。しかし、仙台は北緯三八度一六分、銚子は北緯三五度四三分である。さて両市の真上に、それぞれ星があると考えよう（もちろん星は動いていくので、じっと天頂にとどまっているわけではない）。

仙台の真上に光っている星は、仙台の緯度とまったくおなじ緯度をもっている。たとえば、たなばたの織女星（ベガ）は、仙台のほぼ真上を通るので、この星の緯度は仙台の緯度に非常に近い（三八度四六分）ことがわかる。また銚子の場合では、アンドロメダ座のベータ星（ミラク）がほぼ真上を通る。この星の緯度は、銚子の緯度に近い三五度二九分である。

この緯度を示す角度は、地球の中心を通る二本の線がはさむ角度である。すなわち、一本は星の方へ行く線であり、もう一本は赤道へ向かう線である。星図に記入するときは、赤緯という用語を使い、ギリシャ文字のデルタ（δ）で表わすことにしている。赤緯には、地球上の場所を示す緯度のように、赤道の北（北緯）と南（南緯）があるが、北緯にあたる赤緯にはプラス、南緯にあたる赤緯にはマイナスの記号をつけることにしている。したがって、織女星の赤緯はプラス三八度四六分となる。

一方、天の経度は赤経とよび、ギリシャ文字のアルファ（α）で表わすことになっている。これも地球の経度の場合とおなじように、ある基準点からかぞえることになっている。地球の場合、その基準点を決めるのに論争があったことはすでに述べたとおりである。しかし天球の場合は、かなり古くから、すんなりと意見の一致を見ている。

すべて春分点からはじまる

あけ方、あるいは夕方の星空を観察すると、太陽がどの星座のどのあたりにいるかがわかる。この観測を一年にわたってつづけると、太陽の通り道が星図上に記入できる。この太陽の通り道を黄道（こうどう）とよんでいる。「おうどう吉日をえらんで」などと結婚式で話す人があるが、正しくは「こうどう」である。

太陽は一年かかって黄道を一周するのだが、これが天の赤道と二三・四度ばかり傾いている。これは地球の地軸が、地球の軌道面、つまり黄道をふくむ黄道面と二三・四度傾いているからである。したがって、天の赤道と黄道は二か所でまじわることになる。この交わった点を分点という、太陽が分点に来た日には、昼と夜の長さが等しくなる（ただし、われわれの使用する暦では、ほかの理由によって、昼の方が夜よりもいくらか長くなっている）。

この二つの分点のうち、太陽が赤道を南から北へ横切る、つまり太陽の赤緯がマイナスからプラスに変わるように横切る分点の方を春分点という。もう一つの分点では、プラスからマイナスに変わり、これは秋分点とよぶ。太陽が春分点に来る日を春分の日といい、わが国では休日となっているし、彼岸の中日として生活に密着している。

近年では三月二一日、うるう年にかぎり二〇日が春分の日となっているが、もう二〇年もすると、平年の年でも二〇日になることがある。一方の秋分の日も、休日で彼岸の中日だが、九月二三日になったり二四日になったりするので、カレンダー業者にとってはゆるがせにできない日である。

さて、天の経度は、この春分点から東の方へかぞえていくことになっている。地球の経度の場合には、本初子午線から東および西の方へ、それぞれ一八〇度までかぞえ、したがって東経と西経があったのとは大きなちがいがある。天の経度は〇度から三六〇度まであり、春分点は〇度と三六〇度の二つの赤経をもつことになるわけである。

また、前章で地球の経度を時刻で表わす方法があることを述べたが、これは赤経にも適用できる。むしろこの方法で赤経を表わすのがふつうであり、たいていの星図はこの方法を採用している。かくて織女星の位置は、赤経一八時三六分、赤緯プラス三八度四六分と決められるのである。

見えない線が文化を築く

こんな笑い話があった。船で赤道をこえるとき、赤道をひと目見ようと甲板へ出た人が「赤道なんてないじゃないか」といったというのである。いまどき地球上に赤道という線が描かれていると思う人はないだろうが、そのような、まったくの想像上の線が、いかに文明の進歩に大きな役割をはたしたことか。経線にしてもそうである。天の経緯線にしてもおなじである。

初等幾何学の証明問題を解くとき、補助線というものを考えることによって、さしもの難問をエレガントに処理した経験をもつ人が多いだろう。経緯線はその補助線以上のはたらきをしてくれる。以前ある雑誌に出ていたことだが、作家の三浦朱門氏は、妻をえらぶ条件の一つに「ピタゴラスの定理が証明できること」をあげておられたという。この定理は補助線を考えなくては証明しにくいだろう。その補助線を考え出せるほどの知恵の持ち主ということを考えられたのかもしれない。そう考えると、経緯線を考え出した古代の人たちは、すばらしい知恵をもっていたわけであり、その知恵の上に人類の文化は築きあげられていったのであろう。

移りゆく天の極——地球と月の場合

春分点が動いている！

紀元前一三四年にギリシャのヒッパルコス（前一九〇頃—前一二〇頃）は、さそり座のなかに、いままでに記録されたことのない星を発見した。当時、天体は永久不変なものと考えられていたから、この異変は大事件であった。彼は、将来おそらくこのような現象が起こるだろうと考え、全天の星の位置を記録しておく必要を感じた。彼の精力的な観測は、一千個におよぶ明るい星の星図表として実をむすんだのである。もちろん星の位置は赤経と赤緯で表わされた。

ところが、一五〇年ほど前の観測記録とくらべると、星の位置が西から東の方へ一定の大きさだけ動いていることに気がついたのである。つまり、春分点からはかった経度が、いずれも大きな値になっていたのである。星の位置は変わらない（それゆえ恒星というのだ）はずだから、基準とした春分点の位置が東から西へ移動したとしか考えられない。このように春分点が移動するとすれば、春分の日は毎年少しずつ早くやってくることになる。これを「春分点の前進」という。いまでは、地球の自転軸がぐらつくことによって、このような現象が起こることがわかっている。しかし、この現象が肉眼以外に観測手段をもたなかった二千年も前に発見されたということは、まさに大きなおどろきであり、ヒッパルコスの偉大さがしのばれる。

地球の経度を決める基準は本初子午線であった。これは一定不変である。地球上のある地点の経度が、毎年毎年、あるいは毎日毎日変わるということはない（厳密にいえば、非常にわずか変化するが、このことは無視しておく）。

ところが天の経度は、毎日変わってゆくから、まことにしまつがわるい。そこで星図を描くときは、いつの経度を示したものであるかを明示しておかなければならないのである。いまいちばん使われている星図は、一九五〇年の年初で表わしたもので、このほかにも、いろいろな年初で示したものがある。だから、星の位置を示す場合、たとえば織女星は、前にも書いたように、赤経一八時三六分、赤緯プラス三八度四六分だが、このあとに（一九五〇・〇分点）というもう一つの項目を加えておかねば、正しい位置を示したことにはならないのである。

それでは、どのくらい赤経が移動するのだろうか。計算すると、一年に約五〇秒、一日に七分の一秒という角度だけ大きくなっていく。この現象を歳差運動というが、このために赤経ばかりでなく赤緯もそれにつれて変わってしまう。ということは、天の北極や南極の位置も変わるということである。

便利な星座早見盤

われわれは、ある時刻における星の位置を調べるとき、星座早見盤を使うことが多い。星座早見盤は、固定された天の北極を中心にして、すべての星がそのまわりを回るように作られている。そしてそのことが星座早見盤の最もだいじなところである。

しかし、歳差運動によって天の北極が移動してゆくのだから、ある年月がたつと、その星座早見盤は役に立たなくなってしまうだろう。けれども、そんな心配は無用である。人間の一生ぐらいの間では、天の北極の移動は問題にはならないほどわずかなので、安心して早見盤は使えるというわけである。

北極星の移り変わり

天の北極の移動は、人の一生ぐらいの間はたいして気にはならないものの、かなり長い期間を考えると、たいへんな移動量を示すようになる。その状況を図でお目にかけよう。

六八ページの図は、天の北極が移動するようすを示したものである。北極は、実線の上を左ま

地球での天の北極の移動.

わりにぐるぐる回ることになる。この実線の円を歳差円とよぶことにしよう。歳差円の半径は、地球の自転軸の傾きに等しい二三・四度であり、極が一まわりするのに約二万五八〇〇年ほどかかる。

図でわかるように、四八〇〇年ほど前には大きくひろがった、りゅう(竜)という星座の首星ツバンが北極星であった。しかも歳差円のすぐそばにあり、北極星という名にふさわしいものであった。

ピラミッドが建造されたころは、この星はやや真の北極から離れていたとはいえ、北極星の地位を守りつづけていただろう。現在の北極星も歳差円に近く、まったく理想的な星といえる。その意味で、われわれは幸福な時代に生きていることになる。いまの天の北極はどんどんこの星に近づきつつあり、二一〇二年に最も近づく。そのとき、この星は天の北極からわずか二七・五分という角度しか離れない位置に来る。いまの北極星はこぐまという星座にあり、この星はそのしっぽの先にあるわけだが、二二世紀までは、このこぐまは、天の北極にしっぽの先をくぎづけにされてつり下げられるという次第である。

やがて地球人は、この星とケフェウス座ガンマ（γ）星のどちらかを北極星にえらばねばならなくなり、四〇〇〇年ごろには、後者が問題なく北極星の座を奪う。さらに数千年たつと、はくちょう座が注目されるようになるだろう。しかし、デネブは明るくても、歳差円から離れすぎているので、北極星としては問題がありそうである。

いままでよく例にあげた織女星（ベガ）は、いまから約一万二千年後に北極星となるが、これも歳差円からかなり離れているので、そのころの地球人はどう考えるだろうか。織女星は現在の北極星から五〇度近くも離れているので、この星が北極の方向に見えるとなれば、南十字星が日本の空に姿を見せることになる。そうなると、南十字星をながめるために、わざわざ南半球まで出かけていく必要はなくなるというものである。

さらに、たなばたの伝説がそのころまで伝えられていたら、一四〇世紀に生きる地球人は、この伝説に対してどんな感情をいだくだろう。ふたたび現在のような理想的な北極星に接すること

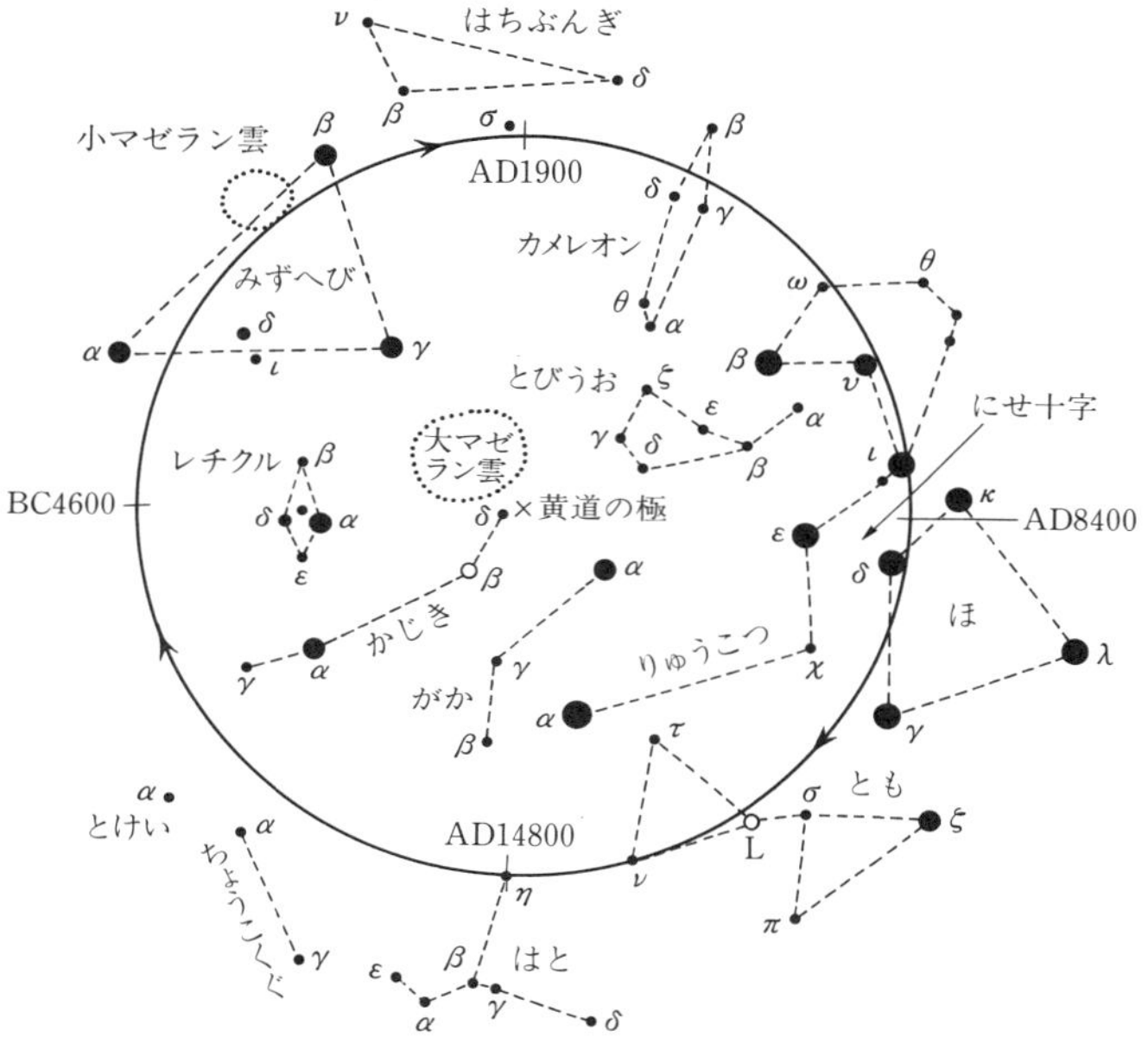

地球での天の南極の移動．

ができるのは、紀元一八一七〇年ごろのことで、このときはヘルクレス座のタウ（τ）という星が北極の座につくが、かなり暗い星なので、もしスモッグがあったら、まったく見えないのではないか。気の遠くなる未来の話だが、思いをめぐらすのはたのしいものである。

南極星の移り変わり

上の図は、天の南極の移動を示したものである。ツバンが北極星だったころ、みずへび座のアルファ（α）星が、またキリストの時代にはおなじ星座のベータ（β）星が、それぞれ南極星であった。現在ははちぶんぎ座のシグマ（σ）星が比較的南極に近いが、肉眼でかろうじて見える程度の星だから、つごうのよい南極星はないといえよう。遠いはなしだが、四九世紀にはカメレオン座のガンマ（γ）星、五七七〇年にりゅうこつ座のオメガ（ω）星、六八五〇年におなじ星座のウプシロン（υ）、八〇七五年におなじくイオタ（ι）、九二四〇年にほ座のデルタ（δ）星があいついで南極星となる。

最後の二つの星は、現在「にせ十字」とよばれるグループの腕を形づくっている。にせ十字というのは、南十字星をさがす人を迷わせるほどよく似た形をしているところから、まるで悪者のようにいわれているグループである。したがって、この「にせ十字」が南極星の座を獲得するいまから六、七千年後には、現在の南十字星こそ「にせ十字」に転落してしまうのではないだろうか。一四八五〇年には、はと座のイータ（η）星が南極星となる。この星は、いま日本からも見えているのだが、やがて見えなくなる運命にあるわけだ。

月世界では一大事！

以上見てきたことは、いまから数十世紀あるいは百数十世紀先のことで、私たちとはかかわりのない、いわば未来の夢ものがたり（といっても、まぎれもない事実なのだが）であった。しかし、月では、そんなのんきなことをいってはおれないのである。

地球で見る天の極が歳差円を一周するのに約二万五八〇〇年かかるのに、月の場合にはわずか

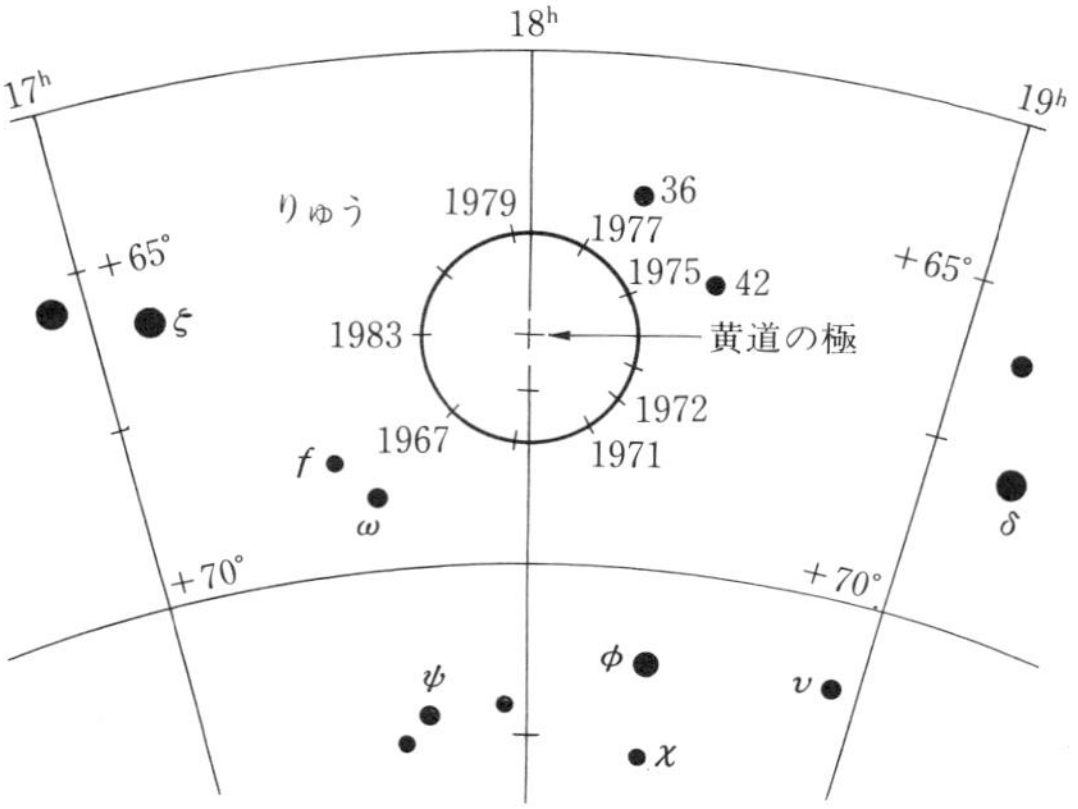

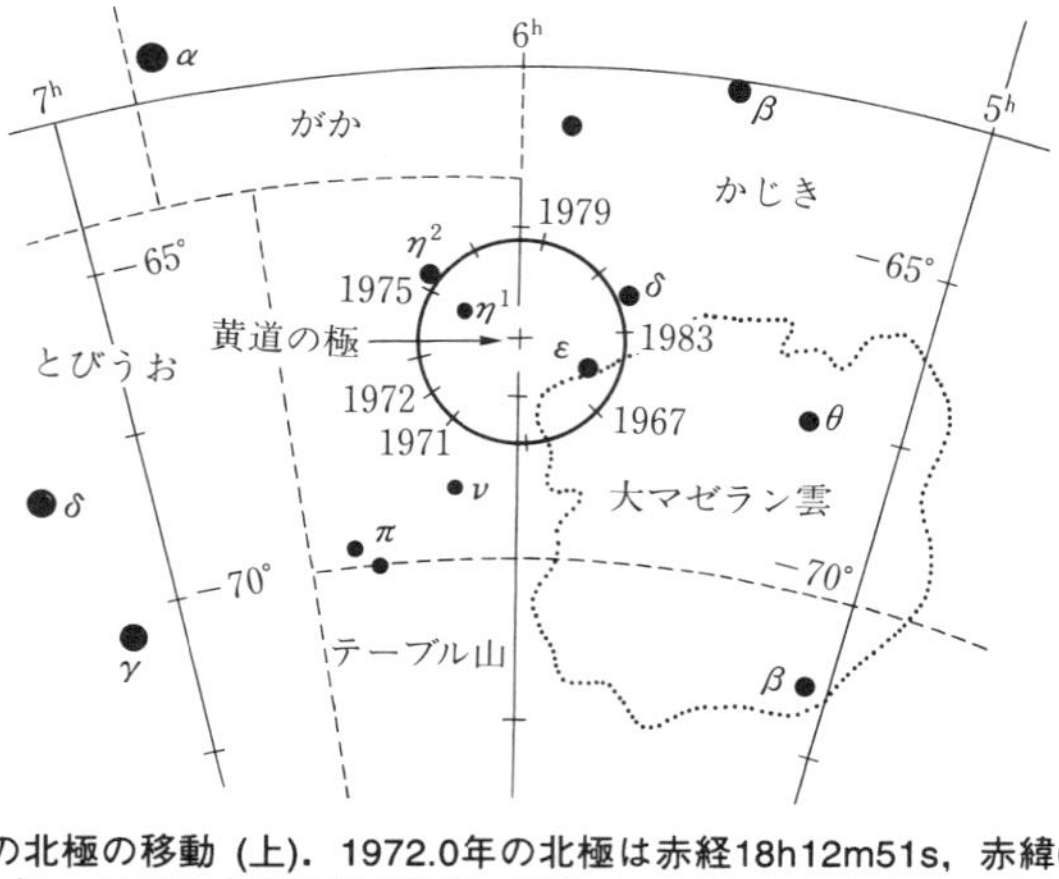

月での天の北極の移動 (上). 1972.0年の北極は赤経18h12m51s, 赤緯67°35.9′ (1972.0分点). 月での点の南極の移動 (下).

一八・六年しかかからないからである。その速さは、なんと地球の場合の一三八〇倍である。また歳差円の半径は、地球の場合は二三・四度だが、月では一度三二・一分しかない。

そのようすを七二ページの上図（北極）と下図（南極）に示した。これからわかるように、月で見る天の北極には、北極星にふさわしい明るい星がないということである。しかし、月は空気がないという好条件に恵まれているから、暗い星でもあんがいよく見えるかもしれない。もしそうだとしたら、一九七五年にはりゅう座の四二番星、一九七七年にはおなじく三六番星が、いずれも北極から一度以内に来るから北極星といえるだろう。これらの星は地球上では、よく晴れた夜に、かろうじて肉眼で見えるほどの暗い星でしかない。

南極に目を転じてみよう。歳差円はかじき座にすっぽりとおさまっている。つまり、南極星はかじき座の星にかぎられることになる。図からわかるように、一九七五年にイータ（η）2という星、一九八二年にデルタ（δ）、一九八五年にイプシロン（ε）星がそれぞれ南極星となる。いずれも地球上では暗い方に属する星である。おもしろいことは、地球では、南半球の夜空をかざる大マゼラン雲が南極近くに見られることだ。

これでわかるように、月で見る天の極は、めまぐるしく移動していく。これでは星座早見盤はおろか、星図さえ短い期間しか使えない。地球上では、現在一九五〇年の年初（一九五〇年分点という）における星図がおもに使われているし、変光星の観測用星図などでは、かなり古い分点によるものも不自由なく使われている。それでも、だいたい二五～五〇年ごとに星図が作りなおされる。したがって二〇〇〇年分点の星図がやがて出版されるだろう。

歳差周期が二万五八〇〇年にしてこのありさまである。周期が一八・六年という月では、いったいどのくらいの間隔で星図を作りなおさなければならないのだろうか。一週間だという人さえいる。ということは、星図は作る必要がないということにもなりそうである。写真をとって、それを電子計算機で計算させるのが最もよい方法ということになりそうである。

実際には、月の自転軸の運動には、まだよくわかっていない部分があって、ここに図示したものよりも、もっと複雑な動きを見せるようである。そのうえ、歳差円の中心にあたる黄道の極もまた一年あたり約〇・五秒ずつ動いている。したがって、月の極もその影響を受け、図に示したような歳差円のように閉じた曲線にはならず、らせん状に動いてゆくことになる。いよいよもって月での天の極は、奇々怪々な運動を見せるわけで、将来月に行って観測しようと思うなら、この問題をしっかり勉強しておかなければならないようである。

なれすぎているので

先年オーストラリアや南アフリカへ行ったことのある友人から見せてもらった現地で使っている星座早見盤は、中心が天の南極になっていた。あたりまえのこととはいえ、北極星中心の星座早見盤を使いつけている私たちにとっては、一瞬どきっとさせられたことであった。これとおなじように、地球上での観測になれきっている私たちは、月面に望遠鏡をすえつけるにあたって、勝手がちがうことにおどろくことだろう。

水金地火木土天海冥

戦前派、戦後派

「水金地火木土天海冥」というじゅもんのようなことばを聞いて、すぐその意味のわかるのは、いくらか天文の知識をもっている人たちである。戦後の学校教育では、これを教えているので、中学生以上の若い諸君や、理科好きの小学生なら、ほとんどの人が知っているというにちがいない。いわゆる戦前派とか戦中派とよばれる四十代以上の人たちにとってはなじみのないことばであり、むしろ「月月火水木金金」という方に、深いつながりをおぼえるのではあるまいか。

「水金地火木……」と「月月火水……」は、一見似ているようで、まったくちがっている。すなわち、前者は、太陽のまわりをめぐる惑星を太陽からの距離の順に、近い方からならべたものであり、後者は、日本海軍のもうれつな訓練を、土曜半休も日曜休みもないというかたちで表わしたものである。

前者において、「水」は水星（英語ではMercury）、「金」は金星（Venus）、「地」はわれわれの住む地球（Earth）、「火」は火星（Mars）、「木」は木星（Jupiter）、「土」は土星（Saturn）、「天」は天王星（Uranus）、「海」は海王星（Neptune）、「冥」は冥王星（Pluto）を示していることはいうまでもない。これら各惑星のかしら文字をつらねたものである。

アメリカではどうとなえているのだろうか。かしら文字をつらねると「MVEMJSUNP」となるのだが、そうはいわないらしい。ある雑誌にのっていたことだが、つぎのようなおぼえ方があった。

Many Very Earnest Men Can Join Some Unions Now Period.

この文章の、各単語のかしら文字に注目すれば、なるほどとうなずけよう。最後のピリオドがこころにくいほどである。しかし、もうお気づきの方があると思うが、アメリカのものには、途中にCanという、よけいなものが入っている。これは、火星と木星の間には多数の小惑星があり、そのなかの最も代表的なケレス（Ceres）を入れることによって、小惑星をもひとまとめにしたものである。したがって、日本でのとなえ方よりも、このことに関するかぎり、アメリカの方が合理的といえよう。

惑星のならび方の法則

しかし、これは惑星のならび方を示しただけであり、どのようにならんでいるかを表わしてはいない。それを示したものにチチウス - ボーデの法則というのがあり、これも非常に便利なものだ。

チチウス・ボーデの法則というのは、つぎのとおりである。

$r_n = 4 + 3 \times 2^n$ （$n = -\infty, 0, 1, 2, \ldots\ldots$）

という数列を考えると、地球の太陽からの平均距離を一〇としたとき、各惑星の平均距離が近似値で表わせるというのである。

八〇ページの図を見ていただけば、なるほどとうなずかれると思う。ただし、海王星や冥王星では大きなくいちがいがあることは、この際目をつむっていただきたい（これについてはあとでふれる）。なお、法則をこのような式のかたちで表わしたのはウルム（一七六〇―一八三三）である。

自然界にはいろいろな法則がある。それを明らかにしていく学問が、とりもなおさず自然科学である。したがって、太陽系をかたちづくっている惑星のならび方にも、なんらかの法則があるにちがいないと考えるのは、ごくあたりまえのことである。それをはっきり述べたのは、有名なケプラー（一五七一―一六三〇）であった。

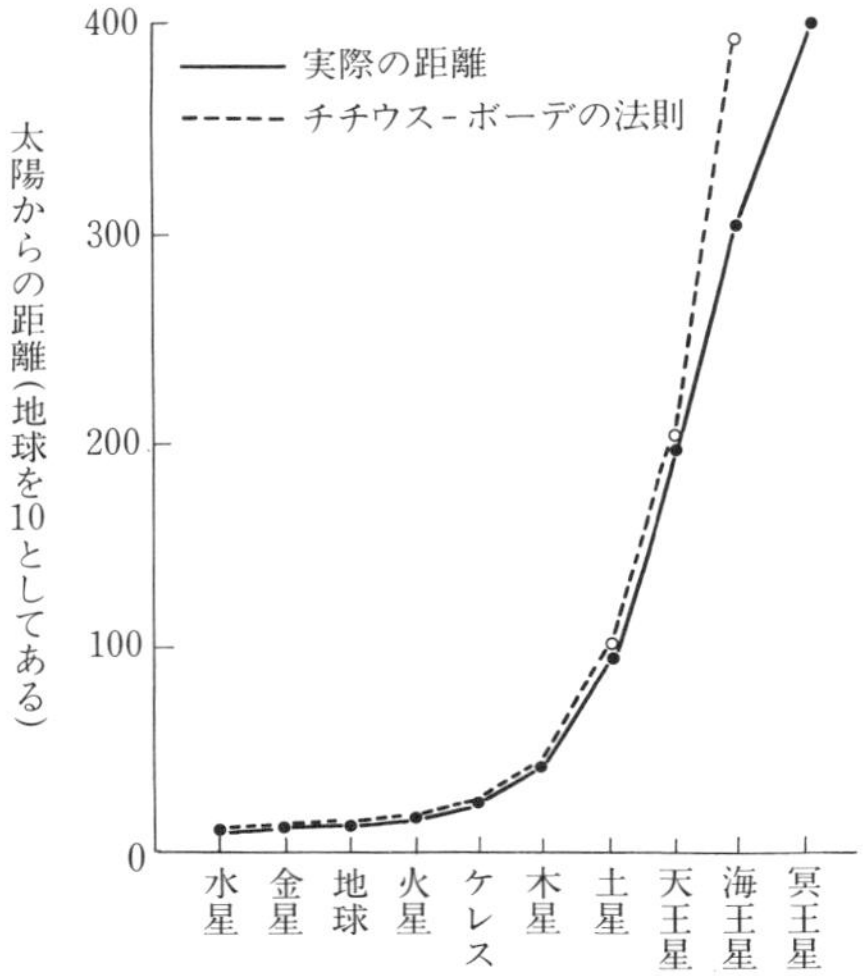

チチウス-ボーデの法則と実際の距離.

古代人の太陽系モデル

ケプラーは、まず太陽系のモデルを考えるにあたって、ユークリッド幾何学で「完全な形」とされる正多面体を基礎としてとりあげている。正多面体は正四面体、正六面体(立方体)、正八面体、正十二面体、正二十面体の五個しかない。各惑星の軌道がこれらの正多面体に内接したり外接したりしているというのである。

太陽系や宇宙のしくみを考えるとき、幾何学で「完全な形」といわれるものをとり入れることは、なにもケプラーにはじまったことではない。先にも書いたように、古代の宇宙は、地球を中心とした、目に見えないたくさんの球(最も完全な形)からなっていると考えられたことがあった。

紀元前二五〇年ころから約一八〇〇年間にわたって正しいとされたアリストテレス学派の天文学は、すべての天体は球面上や円周上を動くものとしていた。ギリシャ最大の天文学者とされるプトレマイオス（前一五〇頃）も、惑星は円と小円とによって組合された複雑な軌道上を動くと考えていた。これらはもちろん正しくはない。しかし、惑星の観測に合うように、そのしくみをたえず修正していったことと、当時の不十分な観測精度にささえられて、その考えは生きつづけたのであった。さらに、球と円だけを神聖で美しいとする、誤った数学の考え方が、そのころの学問の世界を支配していたことも見逃せない。

ケプラーの太陽系モデル

それをうちやぶったのがケプラーその人である。彼は、惑星が円の上を動いているのではなく、楕円の上を動くことを明らかにしたのであった。しかし、その彼が、太陽系のモデルを考えるにあたっては、大きな誤りをおかしている。古代の人が球と円にその基礎を置いたように、彼は完全な形としての正多面体をとり入れたからである。

ケプラーの考えはつぎのようなものであった。まず土星軌道をふくむ球を考える。それに内接する正六面体（立方体）を考え、その正六面体に内接する球上に木星の軌道があるとする。これを木星球とかりに名づけることにしよう。

木星球には正四面体が内接し、さらに内接する球が火星球となる。火星球には正二十面体、さらに地球軌道をふくむ球がつぎつぎに内接する。これに内接するのが正二十面体、これは金星球に外接する。金星球には正八面体が内接し、それに水星球が内接すると考えたのである。これらの球は実際はすきとおった殻でできており、殻の厚みは、太陽からその惑星までの最大距離と最小距離の差に等しいとされた。したがって、惑星の軌道は球の殻のなかにふくまれることになる。

この太陽系のモデルにしたがって計算してみると、実際の惑星の距離関係とはあまりよく合ってはいない。けれども、当時知られていた惑星は六個、したがって惑星どうしの間は五個であり、それに五個の正多面体が一個ずつすっぽりあてはまるという、満足な結果が得られて、彼は得意になったようである。

しかし、さすがはケプラーである。彼は、このモデルを完成したあとで、それが実際の観測値と合わないことに気づいたのであろう。水星と金星の間、火星と木星の間に、小さい惑星があるかもしれないと書き、さらに水星の内側や外側にも、ひょっとするとまだ惑星があるのではないかと考えたらしい。この考えは大きな反対にあって、彼はその誤りをみとめたが、火星と木星の間の距離が大きすぎることは、かくすことのできない事実として、他の学者から注目されるようになった。

カントの先生ウォルフ

つぎに登場するのがウォルフ（一六七九―一七五四）である。彼はドイツの哲学者で数学者でもあり、太陽系が星雲から生まれたという学説をとなえた大哲学者カント（一七二四―一八〇四）はウォルフの弟子である。

ウォルフは一七二三年に本を書き、自然界に見られる秩序について述べた。そのなかで、惑星がおたがいの運動をじゃましないように、また一つの惑星の影が他の惑星に届かないように、神様は惑星をならべたとしている。そして太陽からの距離は、地球までの距離を一〇とすると、四、七、一〇、一五、五二、九五であると発表した。まさにチチウス‐ボーデの法則の原形ともいえる。それどころか、この法則よりも実際によく合っていることに気がつく。

しかし、彼は式のかたちでは示していない。そこに問題がある。彼は数学者だから、先にかかげた各惑星の値が、ある法則にもとづいているものとして示されたのなら、おそらく式のかたちで示したであろう。セントポール大のヤキの考察によれば、ウォルフの値は数学的数列ではなく、学生がおぼえやすいように、だいたいの距離を示したもので、端数を四捨五入したものにすぎなかったのである。ウォルフの教え子カントは、星雲説を発表するとき、火星と木星の間にもう一つの惑星があることを力説するとともに、土星の外にも惑星があるだろうと考えていたという。

チチウスの脚注

ボーデ（一七四七―一八二六）は、一七七二年に『星空の知識への入門』という本の第二版の出版に追われていた。わずか二五歳の青年であった。初版は四年前に出ている。熱心なアマチュアの天文家で、のちにベルリン天文台長として活躍することになる。

彼は哲学が好きで、スイスのボネ（一七二〇―一七九三）の『自然の思想』のドイツ語訳（一七六六）を愛読していた。この本のなかでボネは、自然を作った神の知恵がどのように現われているかを示したのだが、その一つの例として、惑星のならび方をあげた。しかし数値をあげて説明していない。彼はこの本のなかで、望遠鏡が使用されるようになって、惑星や衛星がどんどん見つかるだろうと述べ、これは近代天文学の使命であると力説している。そのよい例として、以前発見されて、一時見失われていた金星の衛星が（もちろんまちがいであることが、あとでわかった）最近再発見されたことをあげている。

この本は原著はフランス語で、それをドイツ語に訳したのがチチウス（一七二九―一七九六）で、ビッテンベルグの大学教授である。彼は、著書が惑星のならび方について述べながら、数値による裏づけをしていないのが気になり、ことわりもなく本文のなかに、つぎの文章を入れた。

惑星と惑星の間の距離に注目しよう。おたがいの間隔が、天体の大きさが増すにつれて、一定の割合で増加していることがわかる。太陽から土星までの距離を一〇〇とすると、水星は太陽から四の距離にあり、金星は（四プラス三）七、地球は（四プラス六）一〇、火星は（四プラス一二）一六である。しかし、火星と木星の間には、このきちんとした数列に対する四番目があるはずだが、それがない。火星のつぎは（四プラス二四）二八という場所だが、ここには、これまでに惑星や惑星のようなものは見つかっていない。しかし、神様はこのようなあき地をのこすだろうか？

そんなことはない。それゆえ、このあき地は、まだ発見されていない火星の何個かの衛星のための場所だと確信する。木星にも、おそらく望遠鏡でまだ見つけられていない衛星が何個かあるだろう。われわれにとってはまだあき地である場所のつぎには、（四プラス四八）五二という木星の場所が生じ、そして（四プラス九六）一〇〇のところに土星がくる。なんというすばらしい関係だろう！

チチウスは、この文章を本文に入れたが、一七七二年の第二版では、本文からはずして脚注とした。そしてこの最後にTという彼のイニシャルを加えた。

ボーデの脚注

ボーデの目はこの脚注にそそがれた。あまりにみごとな法則だったので、自分の本にとり入れることにした。しかし、すでに本文はできあがっている。ボーデもまた脚注として書き入れたのである。その文章はチチウスのものとほとんどおなじで、ちがうのはつぎの個所である。

チチウスは、あき地は火星の衛星の場所だと考えたが、ボーデは惑星の場所と考えたのであった。しかし、ボーデは、なぜかこの考えがチチウスによるものだということを書かなかったのである。まるでボーデの発案であるかのように発表したのだ。

ボーデはやがてベルリン天文台の台長となり、はなばなしい研究活動をくりひろげていった。そして、重要な論文を発表したり、本を出版するたびに、このすばらしい法則をそのなかで説明しつづけたのである。

法則とピッタリ

一七八一年、W・ハーシェル（一七三八―一八二二）が発見した天体は、歴史が書かれるようになってからの最初の惑星であった。これは、ボーデによって天王星と名づけられた。計算の結果、この惑星の太陽からの平均距離は一九二という値になることがわかった。法則による最後の惑星は土星で、この距離は一〇〇である。したがって、法則を延長すると、土星のつぎの場所は

(四プラス一九二) 一九六となるはずであった。

一九二と一九六、その誤差は二パーセントにすぎない！　ここで新しい意味がこの法則に加えられることになった。誰もが予想できなかった新しい惑星の存在とその場所を、この法則がみごとに予言したということになったのである。それと同時に、火星と木星の間の大きなすき間にも惑星があることを、ボーデはいっそう信ずるようになり、またあらゆる機会を利用してそれを主張した。

火星と木星の間には小惑星が発見された。その第一号がケレスである。この事情については『おはなし天文学2』で述べる。これはチチウスが予想した火星の衛星ではなかったが、彼が「何個かの」と考えたように、発見された個数は一八〇二年までの間は二個であった。

一方、ボーデにとっては、惑星が存在するという点では予想が当たったけれども、まさか二個あろうとは考えられなかった。しかも、これら二個の小惑星は、その名のとおり、あまりにも小さかったのである。彼の考えによれば、火星と木星の間にある惑星は、火星よりも大きくなければならなかった。それに、大きさのことは無視できるとしても、その個数が二個あるということはゆるされないことであった。法則はもはやなり立たなくなったと思われた。

それを救ったのが、アマチュア天文家オルバース（一七五八―一八四〇）であった。彼は、問題の二番目小惑星パラスを発見した人である。彼は、小惑星はもと一個の惑星だったものが爆発してできたものだという意見を出した。もしそうであれば、ケレスとパラスの二個だけでは、もとの惑星は小さすぎることになる。したがって、小惑星はもっとたくさんなければ説明がつかない。

一八〇四年に第三号ジュノーが、一八〇七年に第四号ベスタが発見されると、オルバースの説明が正しいように思われてきた。こうして法則はみごとに立ちなおりを見せたのである。この法則を強力におしすすめたボーデの名声は、いやがうえにも高められ、この法則は「ボーデの法則」という名でよばれるようになったのである。

高まるボーデの名声

ボーデの名声が高まるのに反して、発案者チチウスの名はすっかりうずもれてしまった。すでにボーデは、天王星発見の三年後、すなわち一七八四年に、この法則をチチウスが訳したボネの書によって知ったことをみとめていたのだが……。

いま、手軽に読むことのできる天文書や教科書には、例外なくこの法則のことが書かれているが、たいていは「ボーデの法則」となっており、「チチウス - ボーデの法則」と書かれているものは少ない。チチウスの名がつけられるようになったのは、あんがい新しいのである。天文歴史年表を見ても、この法則が発表されたのは一七七二年となっていることが多い。これはボーデが自分の本に書いた年である。チチウスがTという署名で発表したのも一七七二年だが、先にも述べたように、一七六六年に提示している。もっとも、このときはチチウスの名をつけていないが。

法則は合わなくなったが……

さて天王星の話へもどろう。天王星の位置は、わずかの誤差はあるものの、法則を満たしているように思えた。しかし、天王星は、発見前に恒星として何回も観測されていたことがわかったのである。これらをあつめて、あらためて軌道を計算してみると、天王星はふしぎなことに、ふらついた軌道を動いていたことが明らかになった。そして、天王星の外側にも惑星があるのかもしれないという考えが生まれた。

はたしてその星は見つけられた。これが海王星で、一八四六年のことである。アダムス（一八一九—一八九二）とルベリエ（一八一一—一八七七）が予報した位置の近くにガレ（一八一二—一九一〇）が発見したのであるが、予報にあたっては、チチウス-ボーデの法則がこの未知惑星にもあてはまるものと考えたのだが、発見された海王星の、太陽からの平均距離はそれとは大きくちがっていた。法則によれば三八八となるべきところ、実際は三〇一だったのである。さらに不幸なことには、一九三〇年に発見された冥王星の場合は、法則の値が七七二であるのに、実際は三九五であった。

この法則は、天王星や小惑星の発見までは、みごとな予報となったが、それ以後はその力を失ってしまったのである。いまではこの法則を信ずる人は少なくなってしまった。法則と実際の距離が、天王星までよく合っていたのは、偶然の一致にすぎなかったのだという人さえいる。単なる数字遊びにすぎないと無視する人もいる。科学史をいろどった一時期の考え方だと見るむきもある。たしかにこの法則は、物理的な意味づけがなされていない。そう考えれば、単なる遊びに類するものかもしれない。しかし、そうかんたんに割りきってしまうのはどんなものだろうか。

ともあれ、チチウス - ボーデの法則は、太陽系の起源についての、多くの理論に大きな影響を与えてきたことは事実であり、この法則の物理的意味づけのために努力している学者があることも知っている。それにもまして、この法則が、多くのアマチュアに、天文学のおもしろさを教えてくれた功績をたたえずにはいられない。

チチウス‐ボーデの法則を改良する

いろいろな改良案

前章に述べたように、海王星や冥王星に合わないために、チチウス‐ボーデの法則は、その神通力を失ってしまった。ということになれば、もっとよく観測値に合う法則を作ろうという動きが出てくるのは自然のなりゆきであった。

最近出版されたニエトによる『惑星の距離に関するチチウス‐ボーデの法則――その歴史と理論』（一九七二）にそのようすが非常にくわしく説明されている。この本と、さらに私が他の本からさがし出した改良案のなかから、いくつかを紹介しておこう。改良案のなかには、水星よりも太陽に近い未知惑星についてふれているものもあるが、これについては章をあらためて紹介するつもりである。

① $r_n=a+b\times c^n$ 型

この型はチチウス - ボーデの法則とおなじものである。すなわち、もとの法則は七九ページで述べたとおり

$$r_n=4+3\times 2^n \quad (n=-\infty, 0, 1, 2, \cdots\cdots)$$

というものであった。

一七八七年にウルムはつぎのような式を完成している。

$$r_n=0.387+0.2293\times 2^n \quad (n=-\infty, 0, 1, 2, \cdots\cdots)$$

その結果は、九三ページの表に示すとおりである。この改良案が最初のようである。彼は、もしこの法則に力学的理由があるとするなら、惑星の衛星系にもおなじような形の法則があるにちがいないと考えた。近年、衛星系にもよく合う「超ボーデの法則」を発見したとして、各方面にふれ歩く人があるようだが、一九〇年ばかり前に、すでにウルムが考え出していたことを、その人はご存じないのかもしれない。

彼の見出した法則によれば、

木星の衛星に対しては

$$r_n=3.0+3.0\times 2^n \quad (n=-\infty, 0, 1, 2, \cdots\cdots)$$

チチウス‐ボーデの法則のいろいろな改良案の結果（地球≒10としてある）

	水星	金星	地球	火星	小惑星	木星	土星	天王星	海王星	冥王星
実際の値	3.9	7.2	10.0	15.2	27.7	52.0	95.5	192.0	300.9	395
チチウス‐ボーデ	4	7	10	16	28	52	100	196	388	772
ウルム	3.9	6.8	9.7	15.6	27.3	50.8	97.6	191.4	379.3	754.0
ベロー	3.9	6.7	10.2	16.7	28.9	52.0	95.5	177.3	331.3	621.4
アルメリニ	4.3	6.5	10.0	15.3	23.4	54.8	83.8	196.3	300.3	459.4
ペンニストンク	3.0	6.0	10.0	15.0	28.0	55.0	91.0	190.0	300.0	406.0
チェイズ	4.1	7.2	10.2	16.4	28.7	53.4	102.6	201.5	300.2	―
レイノー	3.4	6.8	10.2	13.6	27.2	51.0	102	204	306	408
カズウェル	3.8	6.8	10.6	15.3	27.2	51.4	95.6	187.4	287.3	382.5
シュミット	3.8	6.7	10.4	14.9	20.2	52.0	107.6	183.2	278.8	394.3
ブラッグ	3.9	7.2	10.0	15.2	26.7	52.0	95.5	192.3	301.3	418
リチャードソン	3.9	7.2	10.0	15.3	28.7	51.9	95.1	192.1	303.0	418.3

土星の衛星に対しては

$$r_n = 4.5 + 1.6 \times 2^n \quad (n = -\infty, 0, 1, 2, \cdots\cdots)$$

である。距離の単位は、母惑星の半径であり、土星の場合は第四、六の軌道はあき地になっていた。

一八〇二年には、ギルバートが改良案を出している。すなわち

$$r_n = 3.08 + 0.872 \times 2.08^n \quad (n = -\infty, 0, 1, 2, \cdots\cdots)$$

とした。チチウスも、ボーデ、ウルムも、cの値を2としていたが、ギルバートは、はじめて2以外の値を使った点が新しい。

これとおなじような考えが、一八二八年チャリス（一八〇三―一八八二）によって出されている。彼はイギリスの天文学者で、ルベリエの予報にもとづいて海王星を発見している。発見したのは一八四六年八月一二日で、一般に発見者とされているガレが発見した九月二三日よりも一か月以上も早かったのだが、気づかなかったのであった。

彼は衛星系の法則を研究し、この①の型で表わせることをつきとめている。そして木星系、土星系、天王星系とも、この型の c の値が整数またはその半分らしいこと、a と b の比がかんたんな整数比であろうと考えている。また法則と実際の値が完全に一致しないのは、各衛星の質量とおたがいの運動に原因があるのだと述べた。

その後、土星系だけにかぎれば、チェンバース（一八四一—一九一五）が一八八九年に、ボーリン（一八六〇—一九三九）が一八九七年に、シャーリエ（一八六二—一九三四）が一九一三年にそれぞれ法則を出している。このうちシャーリエの式はつぎのようなものである。

$$r_n = 1.5 + 1.6\,(1.5)^n \qquad (n = -\infty, \cdots\cdots, -1, 0, 1, \cdots\cdots)$$

距離の単位は土星の半径にしてある。土星の場合、輪をどう考えるかに興味がわくものだが、シャーリエは輪の内側の縁を $-\infty$, 外側の縁を -1 とした。

② $r_n = a + b^n$ 型

ベローはつぎの式を提出している（発表は一九一三年）。

$$r_n = 0.28 + 1.883^n / 214.45 \qquad (n = 5, 7, 8, \cdots\cdots)$$

③ $r_n = a^n$ 型

アルメリニはつぎの式を示した（発表年は未調査）。

$r_n = 1.53^n$　（$n = -2, -1, 0, 1, \ldots\ldots$）

④ $r_n = an(n+1)$ 型

ペンニストンクの式はつぎのとおりである（発表年は未調査）。

$r_n = 0.05n(n+1)$　（$n = 2, 3, 4, \ldots\ldots$）

⑤ πを利用した型

チェイズ（一八二〇—一八八六）が一八七三年に発表したものである。

$r_n = \pi(1+n\pi)/32$　（$n = 1, 2, 3, 5, 9, 17, 33, 65, 97$）

これは海王星までとなっている。この式は振動する星雲を仮定して作ったということだが、n に入れる値を見ると、とびとびになっていて不自然である。しかも、このようなとびとびになる理由ははっきりしていない。

⑥ その他の型

一九一九年レイノーは、惑星を地球型惑星と木星型惑星に分け、〇・一七に一、二、四、六、

八、一六をかけると地球型惑星の距離を表わすとした。ただし、第一番目の惑星は未知惑星とし、二番目が水星で、以下金星、地球、火星とつづき、六番目はケレスとなっている。

こうして求められた値を、それぞれ三〇倍すると木星型惑星となるというものである。この場合第一番目が木星で、以下つぎつぎにならび、第五番目が冥王星、第六番目は未知惑星としてある。冥王星はいまのところ地球型惑星の分類に入れるのがふつうだが、レイノーの式では木星型に入れてある。

一九二九年にカズウェルはボーア（一八八五—一九六二）が考えた原子構造にヒントを得て、ちょっと変わった法則を考えた。ボーアは、重い原子核のまわりに軽い電子が円軌道を描いているということを考えたのであるが、それは、原子核のまわりには自然数 n（主量子数）の二乗に比例する半径をもつ軌道があり、その一つから、もっと内側の軌道へ電子がとびうつるときに、ある決まった振動数の光を出すというものである。

たとえば n の値は、炭素では6、鉄では26の軌道をもつ。カズウェルは、これを太陽系の場合にあてはめ、原子核を太陽に、電子を惑星に置きかえた。その結果生まれたのがつぎの式であった。

$$r_n=0.0425n^2 \quad (n=3, 4, 5, 6, 8, 11, 15, 21, 26, 30)$$

シュミット（一八九一—一九五六）が一九四四年に発表したものはおもしろい。彼は単位質量に対する回転運動量を考え、太陽系のもとになった塵雲の物質分布密度を一様だと仮定すれば、回転運動量は等差級数的に増加すること、円軌道運動の回転運動量の方は軌道半径の平方根に比例することを証明した。その結果つぎの式を見出したのである。

$$\sqrt{r_n}=A+Bn$$

ここでBの値は、塵雲の密度が火星までの領域と、火星の外側の領域とではちがうと考えられるため、水星から小惑星までのBの値は1/5、木星から外側は1としている。またnは水星を0とし、小惑星が4となるが、木星はまた0とし、冥王星が4となっている。Aの値は、水星と木星が観測値に合うように計算で求めている。

この式は、太陽系の成因理論をしっかりとふまえたものとして注目されよう。

前に書いたニエトの書には、いま提出されている、いろいろなかたちの太陽系起原論が、法則についてどのような考えでのぞんでいるかを、こまかく紹介している。これはチチウス - ボーデの法則の改良案というよりも、物理的裏づけをもった法則を作るために、多くの学者がいかに努力しているかが示されていて、頭のさがる思いがする。しかし、内容は本書のレベルをはるかにこえるので、残念ながら省略する。

ニエトの著には、一九一三年に発表されたブラッグ（一八五八―一九四四）の改良案と、一九四五年に発表されたリチャードソンの法則がくわしく紹介されている。両方ともかなりむつかしい式で、ここには結果だけを示しておこう。おそろしいほどよく合っているし、ここではかかげないが土星の第十衛星ヤヌスさえもみごとに予言している。両者の式を知りたい方は、ぜひニエトの書を読んでほしい。『数学セミナー』という雑誌の一九七三年五月号には近末睦男氏がかんたんに紹介しておられることも書いておこう。

あてはめの改良案

以上はいずれも外国での改良案の一部を紹介したものだが、わが国でもいくつかの式がたびたび雑誌に登場した。ここでその詳細を書くことはやめにするが、私が調べたものだけでも一〇種類にのぼっている。なかには大発見だとして新聞に大きく報じられたものさえある。

しかし、わが国での案は例外なしに、また外国のものも大半が、物理的な裏づけのないものである。曲線のあてはめといってもよいだろう。

おなじあてはめなら、そしておぼえやすさということを考えるなら、佐藤明達氏が提案されたものがいちばんいい。それはつぎの数列である。

4, 7, 10, 16, 28, 52, 100, 200, 300, 400

というものである。はじめから七番目、つまり土星まではチチウス - ボーデの法則にほかならない。それ以後は非常にかんたんである。二〇〇、三〇〇、四〇〇となっているだけである。それでいて、これまでかかげた例のなかで、いちばんすぐれている。

毎年何人かの人が、「ボーデの法則よりもよく合う法則をこしらえたから、批評してほしい」といって、天文雑誌の出版社を訪問したり、科学博物館や天文学者のところへやってくるという。そのすべて（といってもよいだろう）が、あてはめにすぎない。学問的には価値のないものだ。一種の数学遊びとしてたのしむなら、これほどおもしろいものはないし、じつは私にも経験がある。しかし、それは自分のたのしみにしておこう。頭の体操としてたのしむことにとどめておこう。それで満足できないなら、太陽系起原論と正面きってとり組むことだ。

チチウス - ボーデの法則は、なるほど不完全な法則にはちがいないが、二〇〇年の昔に作られたことに意義があったのである。

星の軌道を決める

惑星の通り道は楕円

惑星は太陽のまわりをめぐっている。その通り道を軌道という。その軌道の形は、コペルニクスでさえ円だと考えた。しかし、この考えでは、実際の観測との間につねにつきまとう誤差を完全に説明することはできなかった。この問題を解決したのがケプラーである。

彼は、肉眼観測時代の最大の観測者チコ・ブラーエ（一五四六―一六〇一）がのこした火星の位置が、太陽のまわりをめぐる楕円軌道上にならんでいると考えれば、非常に正解にあてはまることを発見したのである。さらに太陽をその一つの焦点上に置くことができた。そして、ほかの惑星についても、これとまったくおなじ考えで説明できることをつきとめ、一六〇九年にそのことを公表した。これが有名なケプラーの第一法則といわれるものである。

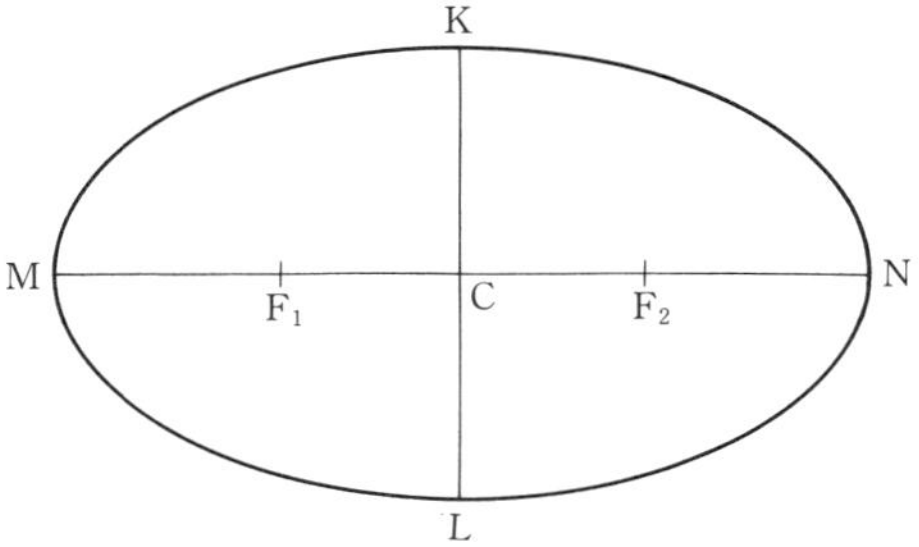

離心率0.5の楕円.

楕円とは

ここで楕円という幾何学図形について考えてみよう。ひとくちに楕円といっても、さまざまなものがある。円と見分けがつかないようなものから、大きくひずんだものまである。たとえば長さが一メートルもあるのに、幅は一センチメートルしかないような楕円もあって、その形を説明するのは、そうかんたんではない。しかし、このようなややこしい図形だが、たった二個の要素をもちこむことによって、単純にしかも完全に表わすことができる。その要素は長軸の長さと離心率というものである。

なにはともあれ、実際に例を示して解説しよう。上の図は離心率〇・五の楕円である。Cは楕円の中心であり、長軸（MCN）と短軸（KCL）のまじわる点でもある。F_1とF_2は二つの焦点である。惑星や彗星など太陽のまわりを回る天体の軌道が、離心率〇・五であったとすれば、その形はこの図のようになるのであり、太陽はその焦点F_2に位置していることになる。軌道上の点で太陽に最も

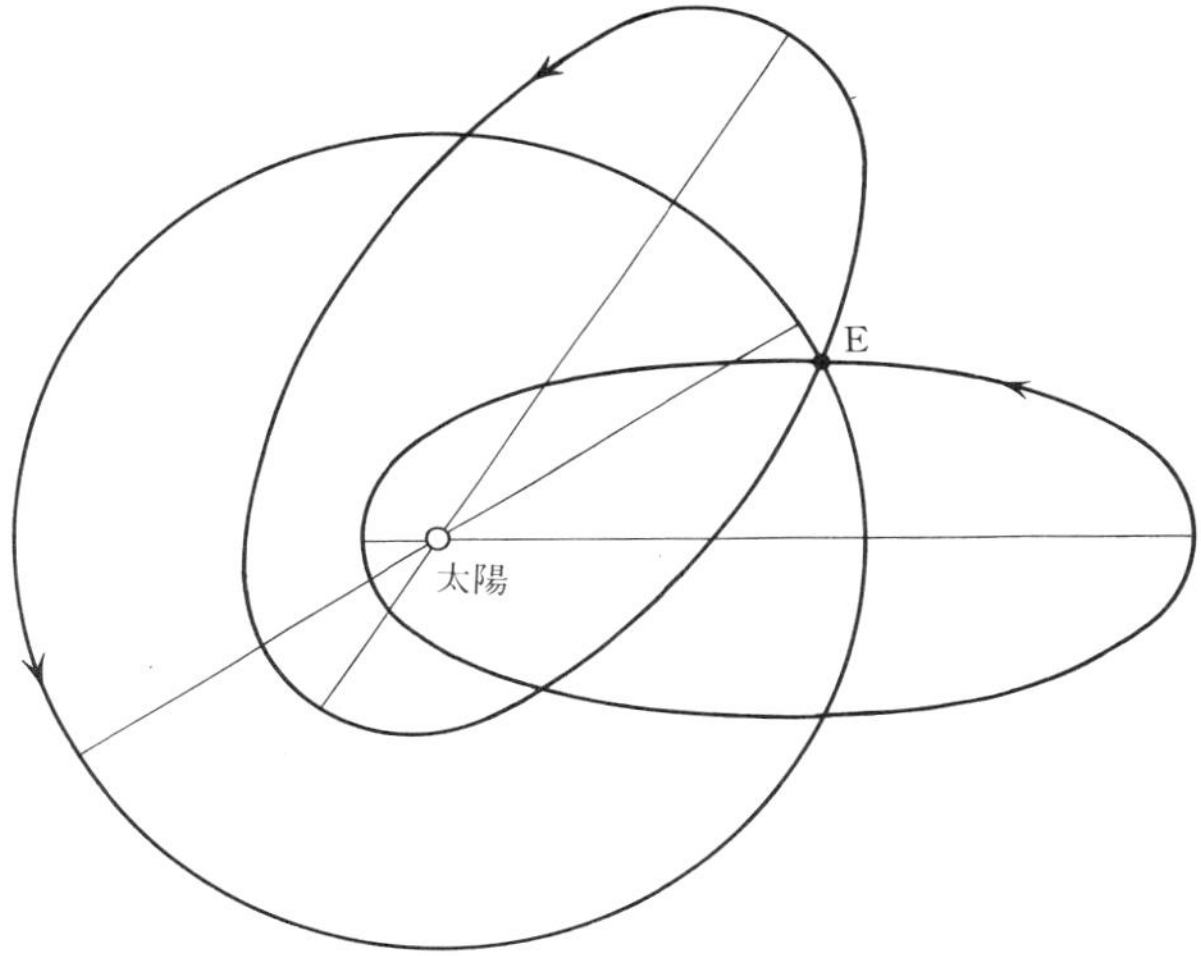

長軸の長さが等しい3個の天体の軌道.

近い点はNであり、これを近日点とよび、反対にMは遠日点とよばれ、太陽から最も遠い点を示す。

ところで、この図形の離心率はなぜ〇・五なのだろうか。それは CF_2 の長さを CN の長さで割った値が〇・五だからである。おなじ離心率をもった楕円は大きさはちがっていてもすべて相似形である。したがって、離心率と長軸の長さが決まると、これらの二つの値をもった楕円はたった一つしかないことになる。

上の図は太陽のまわりを回る、三個の仮想上の天体が描く軌道を示したものである。これら三つの軌道は円のようなものもあれば、かなり細長いものもある。つまり三個とも離心率がちがう。しかし、長軸の長さだけはいずれも等しい。ケプラーが発見した第三法則（一六一九）

によれば、惑星や彗星の公転周期の二乗と、長軸の長さの三乗とは比例する。したがって、これら三つの軌道上を運動する三個の天体は、軌道を一周するに要する時間はまったくおなじなのである。さらにおもしろいことは、図に示したように、これらがE点でまじわるとすれば、E点での各天体の速さはまったくおなじになる。

軌道の周期は長軸の長さのみに関係しているので、離心率は問題にはならないことがたいせつな点である。それでは、離心率は天体のどのような動きに関係するのだろうか。それは、軌道上のいろいろな点での速さを決めてくれるのである。

ところで、離心率というのは CF_2 と CN の長さで決められた。もし C と F_2 の間の距離が0ならば、いいかえれば、F_1とF_2がかさなり、焦点が一つになったときは、もちろん離心率は0の楕円となる。この場合、それを円とよぶことにしている。円軌道の場合には、どの地点でも天体の速さはおなじである。楕円軌道ではそうはならない。このときは、天体の速さは、近日点で最大となり遠日点で最小となるが、離心率が大きければ大きいほど、両者の速さのちがいは大きくなるという性質がある。

少年マクスウェルの作図

さて、長軸の長さと離心率が決まれば、たった一つの楕円が決まり、それを描くことができる。

離心率が0であれば、半長軸を半径とした円をコンパスでぐるりと描けばよい。一般の楕円はどうすればよいだろうか。二個の画鋲と糸の輪と鉛筆があれば、たやすく描ける。いわゆる「糸と二本のピン」による作図法を利用するのである。この作図法は中学で教わるので、おぼえておられるであろう。

ところで、この便利な作図法をあみだしたのが、たった一五歳の少年だったと聞かされたら、あなたはそれを信ずるだろうか。これはほんとうの話である。その人の名はマクスウェル（一八三一―一八七九）という。

彼はスコットランドの名家に生まれたが、幼年時代は小学校へ行かず、家庭教師に教育されたという。そしてわずか一〇歳でエジンバラ・アカデミーに入学し、すばらしい数学的能力を見せ、一四歳のときに数学の賞金をもらったほどである。翌年「楕円曲線とそれが複数の焦点をもつ作図について」という論文を書き、エジンバラ王立協会に提出して、なみいる数学者をあっといわせたのだが、一五歳の少年にこんなすばらしい論文が書けるはずはないというので信用されなかったというエピソードがある。今日の電磁気理論を確立し、土星の輪の安定理論を発表した天文学者としても有名なマクスウェルの少年時代のすがたがしのばれる。

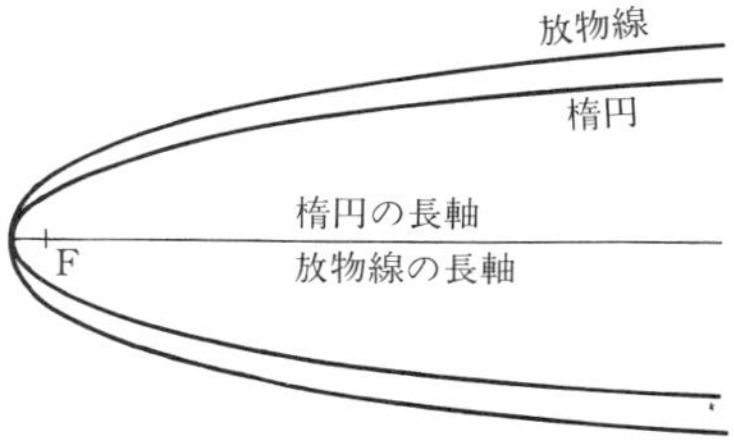

焦点の近くだけを見たのでは，この曲線が放物線か，離心率の大きい楕円か区別がむずかしい．

楕円と放物線

さて、離心率が大きくなるとどうなるだろう。楕円はどんどん平たくなってゆく。そして、離心率がついに1にたどりついたら……。もはや楕円でなくなり、放物線になってしまう。この曲線は楕円のようにとじることはない。放物線の描き方も中学生のときに学んだはずだ。

このような離心率の非常に大きな楕円軌道や、放物線軌道をもつ天体は、彗星や流星物質のみに見られる。これらは太陽や地球に近づいたときしか観測されないので、それらが楕円軌道なのか放物線軌道なのかを区別することは困難である。だから、新しい彗星が発見されると、天文学者たちはいちおう放物線軌道をもつものとして研究を進めるのがふつうである。上の図に示したように、太陽の近くの部分だけを見たのでは、区別がむずかしいことが理解できよう。

私は学生時代陸上競技をやっていた。やり投げや円盤投げのとき、それが放物線を描いて飛ぶことを教えられ、地面と四五度くらいの角度で投げれば最も遠くへ飛ぶことを知った。また弾道学というむずかしい応用数学を勉強したものだ。大砲の砲身をどのような角度に向けたとき、弾丸をどの位置に射ちこめるかを計算した。このときに使ったのが放物線であった。しかし、ほんとうは放物線ではなく、地球の中心を焦点とする楕円を使うのが理論上は正しいのである。けれども、実用上はさしつかえがなかったし、正しい答が得られたものである。離心率が〇・九九九というような楕円は、放物線との区別はつかないほどだし、不可能でもあろう。

黄道からかぞえる

軌道の形や大きさは、天体の観測された位置から計算されるのだが、ここにやっかいな問題がつきまとう。前にも述べたとおり、天体の位置は赤経と赤緯、つまり地球の赤道座標系というもので示されており、地球から見える方向で与えられているからである。これでは不便なのである。太陽系の天体は、地球のまわりを回るのではなく、太陽のまわりを回っているからだ。したがって太陽中心の、黄道座標系で示されなければならない。経度は赤道座標系のときとおなじく春分点の方向を0度とし、反時計方向にかぞえてゆく。しかし緯度は赤道からかぞえるのではなく、黄道からかぞえることになる。黄道は地球が太陽のまわりを回る軌道平面が天球とまじわった線のことである。赤道は黄道に対して約二三・四度傾いている（傾斜角という）ので、赤道からかぞえるわけにはゆかないわけである。

観測で得られた天体の赤道座標による位置は、黄道座標による黄経、黄緯に換算しなければならない。これは換算式さえしっかりしていれば、そうむずかしいことではなく、現在は発達したコンピューターが、たちどころに計算してくれる。しかしコンピューターのなかった時代には、手まわし計算機や、対数表という数学の道具を使って求めたものである。だから、新しい彗星が発見されても、その軌道を求めるのには、かなりの日数を要したものであった。

けれども、便利な対数表がなかった時代はどうだったろう。対数表はネピア（一五五〇―一六一七）が一六一四年に発表したものが最初であり、さらに便利な一〇を底とする常用対数表が発表されたのは一六二四年のことで、ブリッグス（一五五六―一六三一）の苦心の作である。それゆえ、惑星の軌道が楕円であるということを発見したケプラーの苦労の一つは、対数という数学が発見されていなかったということであった。

軌道面はどこにある

まだ問題がのこっている。天体の位置が黄経、黄緯で示されたとしても、それは単に太陽から見たときの方向を示したものにすぎず、太陽からどれだけの距離にあるかわからないからである。

さいわいなことに、長年の観測と研究から、地球と太陽の関係位置はくわしく決められるので、地球から見たときの天体の方向と、太陽から見たときのそれがわかると、天体のほんとうの位置が求められる。

こうして、時間とともに移動してゆく天体の位置がわかると、計算によって、軌道の長軸が計算できるし、軌道面の位置も決められるというわけである。計算はきわめて複雑なのだが……。

軌道面の位置というのはどういうものだろうか。天体は黄道に対して傾斜角とよばれるある角度をもった軌道上を運動するわけだが、太陽を通る地球軌道面、つまり黄道面と、太陽を通る天体の軌道面との間にできるその傾斜角が、軌道面の位置を表わすことになる。

さて、黄道面と天体の軌道面の間に傾斜角があるということは、この二つの平面はまじわるということである。この場合、まじわるところには一本の直線ができる。したがって、この直線は、天体の軌道と二か所でまじわる。

この二つの交点のうち、天体が下から上へ（南から北へ）進むときに通過する点の方を昇交点といい、反対に上から下へ（北から南へ）進むときに通過する点の方を降交点とする。昇交点の位置は黄経で示される。降交点の位置は示す必要はないだろう。昇交点の黄経から一八〇度いつも離れたところにあるからである。

軌道はどっちを向いている

軌道の向きも決定する必要がある。つまり長軸の方向である。それには近日点の位置が決まればよい。それは昇交点から近日点までの角度を、天体の進行方向にそってはかればよい。これを、

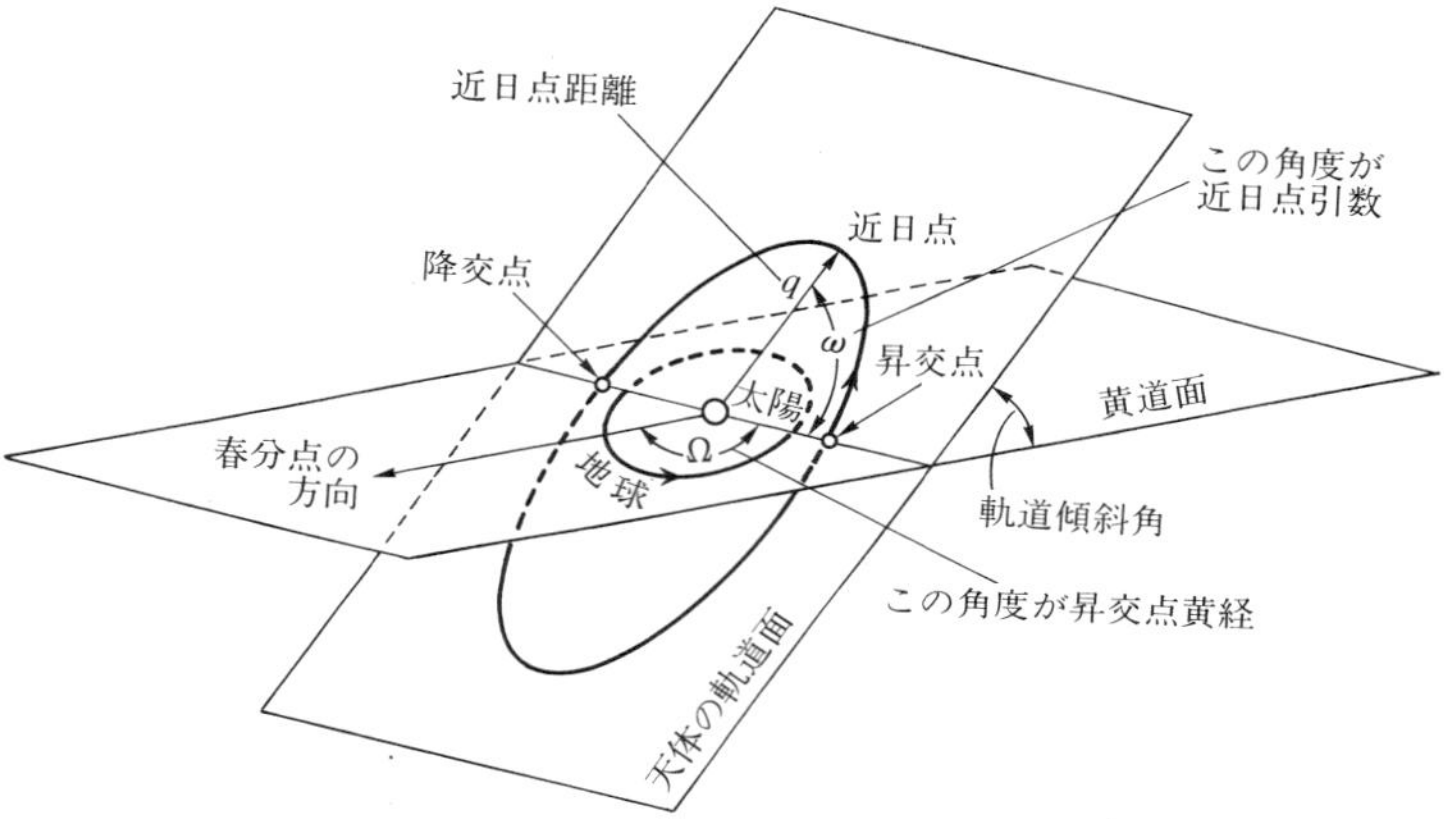

軌道要素の図.

近日点引数とよんでいる。

これで天体の軌道がやっと描けるわけである。かんたんにまとめることにしよう。

1　昇交点黄経（Ωと書く）

2　軌道傾斜角（i）

3　近日点引数（ω）

4　長軸の長さ（ふつう半長軸 a で示す）

5　離心率（e）

以上である。4の a から軌道周期が求められる。したがって a のかわりに周期（p）で示すこともあるが、ふつうは a がもちいられる。a と e とから近日点距離（q）、すなわち F_2N が計算できる。

このほかに、天体がいつ、どこにいるのかを示しておく必要がある。これはふつう、天体が近日点を通過するときの時刻で表わす。すなわち、

6　近日点通過の日付と時刻（T）

以上の六つのことがらを、軌道要素とよんでいる。

星を見ない天文学者もいる

ところが、ある天体の要素は、一度軌道要素が決まってしまえば、それで安心かというと、じつはそうは問屋がおろさない。他の太陽系天体の間にはたらく、おたがいの引力や、その他複雑な力の影響を受けて、せっかく求めた軌道要素はたえず変化してゆくのだからたまったものではない。一般には天文学者は星を観測する学者だと思われているが、なかには、星を見ることもなく、軌道計算ばかりやっている学者もいるのである。

まぼろしの惑星バルカンを求めて

0とマイナス∞の間

チチウス - ボーデの法則においては、惑星の太陽からの距離は

$$r_n=4+3\times2^n$$

で表わされ、水星に対してはnはマイナス∞、金星は0、地球は1、以下2、3、……で与えられた。金星以後は0、1、2、……と1ずつふえてゆくので自然だが、水星と金星の間のつながりは、どう考えても不自然であった。とうぜん、0の前には、−1、−2、……とつづき、最後にマイナス∞がくると考えるのが常識であろう。とすれば、金星と水星の間には無数の惑星が存在しなければならないわけである。

この問題を指摘したのはウルム、ガウス（一七七七―一八五五）らであるが、天王星や小惑星

の発見というはなやかな動きのかげにかくされてしまい、いつのまにか、この問題は忘れ去られてしまったようである。

水星の動きがへんだ！

一八五九年秋、フランスのルベリエは、おどろくべき発表をした。水星の軌道がなにかの力によって影響を受けているのである。すなわち、水星軌道の近日点の運動が理論値よりも一〇〇年につき三一秒（角度）――この値はのちに修正されて四三秒となった――も大きすぎ、万有引力では説明がつかないというわけである。角度で四三秒というのは、一〇〇メートル先の五円玉を見るくらいの小さいものである。こんな小さな差も見のがさないところにルベリエのえらさがあるといえよう。秒の位の数字は、あまり信頼できないにしても、この量は観測誤差の確率から考えて、非常に大きいものである。

彼は二つの答を考えた。一つは金星の質量が考えられているものより一〇パーセントくらい大きいのではないか――これはありそうもないことだ。二つ目の答は、水星と太陽の間に未発見の惑星があるのではないか――これはあり得ることだ。というわけで、彼は未知惑星さがしをよびかけたのであった。

彼には、天王星の動きがおかしいことに気づき、計算によって未知惑星の存在を予報し、これがきっかけになって海王星の発見がもたらされたという、かがやかしい功績があった。しかも、これはわずか一三年前（一八四六年）のことだったから、彼の発表は興奮をよんだ。

太陽面を通るときをねらえ！

しかし、この仕事は非常にむずかしいことである。この惑星は太陽から最も離れたとき（最大離角）に、しかも薄明の間にやっと見えるにすぎない。したがって、発見のチャンスは、この惑星が地球と太陽の間にやってきて、地球から太陽を見たとき、惑星がちょうど太陽面を横切るかのように見える（太陽面通過という）ときということになる。この惑星は非常に近いので、太陽面通過はひんぱんに起こるだろう。

もう一つの方法は、皆既日食の間に観測することである。けれども、皆既日食はまれにしか観測できないし、写真技術が未発達だった当時としては、皆既のわずか数分間に、その惑星を確認することは不可能であった。太陽面通過をねらうことが最良の方法ということになる。黒点周期を発見したシュワーベもこの方法によったのである。

レカルボーの観測

ルベリエのよびかけにはすぐ反応が現われた。フランスの医師レカルボーは「一八五九年三月二六日に未知惑星らしい天体が太陽面を横切るのを観測した」と発表した。ルベリエはそのしらせを聞くと、とるものもとりあえず会うことにした。

ルベリエは、まず観測のようすを聞いてから、観測時刻をどのようにしてはかったかを調べた。それにもちいた時計は、なんと分針だけしかついていない古い懐中時計であり、秒は壁のくぎから絹糸でつり下げられた、象牙の球でできた振子ではかったとのことであった。もっともこの振子の拍子は一秒に非常に近かったという。

こんなそまつな器械ではあるが、レカルボーは、患者の脈はくをかぞえた医師としての経験から、たやすく秒まではかれると自信をもって語ったのである。望遠鏡はりっぱなものだったそうである。観測記録も見せてもらったが、表面は薬品でよごれていたとか。レカルボーは、黒板に書かれたままになっている太陽から新惑星までの距離の計算を見せてくれた。その計算はまちがいだらけだった。

ルベリエはこの会見で、はじめはがっかりし、疑問に思ったが、別れぎわには新しい惑星が発見されたのだと思うようになった。そして、この惑星に「バルカン」という名をつけたのである。ローマ神話の火と鍛冶の神にちなんだもので、強烈な太陽に近い惑星としてはふさわしい名である。

ルベリエはレカルボーの観測から、つぎのような軌道要素を計算した。

昇交点黄経　一二度五九分
軌道傾斜角　一二度一〇分
軌道半長径　〇・一四三天文単位
日日運動　一八度一六分
公転周期　一九日一七時間
平均距離　二〇九三万キロメートル
最大離角　八度

というものである。軌道半長径の単位は天文単位である。天文単位というのは、太陽と地球の間の平均距離で、約一億五〇〇〇万キロメートルである。またルベリエは、バルカンから太陽を見ると、その直径は角度で三度三六分になると計算している。これは地球で見た太陽の七倍もの大きさで、すさまじい光景が想像される。

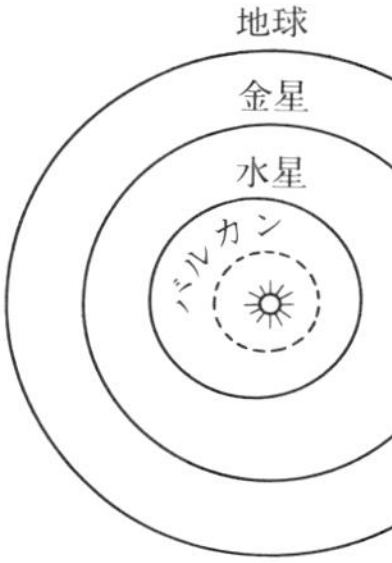

バルカンの軌道図.

ルミスの観測

一八六二年三月二〇日に、イギリスのルミスも観測している。
この日八時から九時の間太陽を観測中、非常に速い運動をする黒点があるのにおどろき友達をよんだ。その友達もそれをみとめ、しかも円盤像をしていることを確認した。見かけの直径は角度で七秒、二〇分間に角度で六分も動いたと記録にのこしている。使用した望遠鏡は、口径が六・六センチメートル、倍率は八〇倍だったという。この観測からバルツとラドーという二人のフランスの学者がつぎの計算結果を発表した。

計算者	バルツ	ラドー
昇交点黄経	二度五二分	——
軌道傾斜角	一〇度二一分	——
軌道半長径	〇・一三一	〇・一四四
日日運動	二〇度三一分	一八度〇五分
公転周期	一七日一三時間	一九日二二時間

交点の位置から考えて、昇交点での太陽面通過は三月二〇日から四月一〇日の間に起こり、降交点では九月二七日から一〇月一四日の間に起こるわけで、これはレカルボーが見た天体とほぼおなじ時期にあたる。この結果は、ますますバルカンによる太陽面通過の観測に注意を向けさせることになった。

その他の観測

もっと古い観測記録を調べてみようという動きも出てきた。そのなかからバルカンらしいものを少し紹介しておこう。

一八〇二年一〇月一〇日、マグデブルグのフリッチは、三分間に角度で二分も動く円像の黒点を観測、曇ったため観測を中断したが、四時間後にはもう見えなかったという。

一八一九年一〇月九日、アウグスブルグのスタルクは水星ぐらいの大きさの、まんまるの黒点を観測している。

一八三九年一〇月二日、ローマのドスピは完全にまるい黒点が六時間で太陽面を横切るのを見ている。

一八四九年三月一二日、シーデボサムのローウェは太陽面を動く小さな黒点を三〇分間も観測した。

否定論もあった

このようにバルカンの存在は多くの人によって注目をあびたが、その存在をつよく否定する人もいた。たとえばリアイスは、レカルボーが見たというその日にブラジルで観測したが、そのようなものは見なかったと反論している。ただ反対論はほとんどが理論的に不明確なものだったので、はじめは問題にされなかったようである。

けれども、一八六〇年代も末近くになったころには、否定論の方がだんだんつよくなっていった。三、四、九、一〇月になると毎年精力的な観測が行なわれたにもかかわらず、太陽面を通過する惑星状天体がついにとらえられなかったからである。

支持者ハインド

だが、失意のルベリエにつよい支持者が現われた。イギリスの有名な天文学者ハインド（一八二三―一八九五）である。彼は小惑星の発見でかずかずの業績をのこした人だが、バルカンの存在を信じてつぎのように書いた。

「ルミスの観測から計算したバルツの軌道要素はまちがっている。私の計算が正しければ、レカルボーが三月二六日に見た天体は三月二〇日に見えなければならなかったはずだ。レカルボーの観測が非常に雑だったことを考えれば、この問題は重要視することはないであろう。一八五九年の観測からルベリエが決めた公転周期は一九・七日で、これを近似値として採用すると、レカルボーとルミスの観測の間は五七公転となり、周期として一九・八一日を得る。これから降交点で太陽面を通過する日の一つとして、一八一九年一〇月九日がみちびかれる……」

先にいくつかの観測記録をあげておいたが、そのなかに、まさしく一八一九年一〇月九日の記録がある！　観測者はスタルクで、彼の記録はつぎのようなものである。

「円形の水星ほどの大きさの黒いはっきりした核が見えた。この黒点は四時三七分以後は見られなかった。また太陽がふたたび観測できた一二日には見られなかった」とある。観測時刻は書かれていないが、スタルクの黒点観測はいつも正午ごろだったということはわかっている。

ハインドはこの記録を重視し、「よって私は周期を一九・八二二日に修正した」と述べている。

こうして、スタルク、レカルボー、ルミスの観測はみごとに結びつけられ、バルカンの存在説が、ふたたび頭をもちあげてきたのだった。

バルカン見えず！

しかし、ハインドにとっては悲しい結果がやってきた。彼は自分の計算した周期にもとづいて、バルカンの太陽面通過の予報をいくつか発表したが、そのいずれの日時にも、バルカンは観測されなかったのである。

バルカンの太陽面通過が報告された最後はドイツのアマチュア天文家によるものであるが、これはグリニッジ天文台で写した写真から小さい黒点であることがわかり、ついにこの種の報告は終止符をうたれたのである。

だがルベリエはさけぶ

バルカンは存在しないという声にとりまかれつつも、ルベリエは自説をまげなかった。「水星の軌道はたしかになにかの力を受けている。バルカンはかならず存在する！　それは、あるいは数個の惑星かもしれない！　小惑星かもしれないが……」

ルベリエは一八七七年に世を去ったが、その翌年、この論争が急転回を見せることを知るよしもなかったのである。それは、近代的観測によってバルカンがついに発見されたという報告がもたらされたことである。

ワトソンの発見

一八七八年七月二九日、北アメリカ西部で皆既日食が見られた。ワトソン（一八三八—一八八〇）はこのときバルカン捜索を組織的に行なった。ワトソンはのちにミシガン大学の天文台長になった人で、小惑星を二三個も発見した人である。彼は太陽を中心にして、赤経で太陽の東西一五度ずつ、幅一・五度の空をくまなくさがし、七等級までの星の関係位置を精力的に記録していった。七等星というのは、暗夜に肉眼で見ることのできるぎりぎりの明るさの星（六等）の約二・五分の一という暗い星である（一等明るくなるごとに二・五倍明るくなる）。

その結果、太陽の東側で、かに座のデルタ星の近くに無名の星 a を記録、さらに西側、太陽とかに座シータ星の間で、太陽のすぐそばに四・五等の赤い星を見つけた。皆既の終わりごろにはbは三等級になったという。ワトソンは九月一五日の夜、この区域をくわしく観察した結果、これらの星は見えなかったので、a、bとも水星よりも太陽に近い惑星だろうと考えた。

彼の観測にはいくつかの手落ちがある。aが見つかったとき、どうして精密な位置をはからなかったのか。また惑星ならば、当然円像であるはずで（ふつうの星は、どんな大きな望遠鏡でも点にしか見えない）、したがって、望遠鏡の倍率を大きくして、もう一度観測すべきであった。もっとも、これらの作業をやらなかったからこそ、bも見つけられたのだろうが……。

スイフトも発見

このおなじ日食中に、もう一人のバルカン捜索者がいた。スイフト（一八二〇—一九一三）である。彼は一三歳のとき左の腰を骨折しなかったら、とうぜんアメリカでも有数の天文学者になっていた人である。有名なしし座の流星雨を観測してから天文に興味をもち、一三個の彗星、一二〇〇個もの星雲を発見した、すぐれたアマチュア天文家である。

皆既日食がはじまると、彼は太陽の西側からさがしはじめた。そのとき、一つずつ二つの星が望遠鏡のなかを通過するのを見た。そのいずれもが赤い円像をしており、またたいていなかったという。彼は太陽から二天体の中央までの距離を約三度、二つの天体の間隔は八分、位置は太陽の西南と記録している。そして二星は太陽の中心から引いた直線上にならんでおり、両方とも五等級で、その一つはかに座シータ星、もう一つがバルカンだろうと考えたのである。

ピータースの反論

バルカンが発見されたとのしらせを知ったピータース（一八一三—一八九〇）はこの発表にするどくかみついた。ピータースは四八個の小惑星と二個の彗星を発見した天文学者である。彼はワトソンの観測したaはかに座シータ星であり、bはおなじ星座のゼータ星、ワトソンがシータ星と考えた星はかに座二〇番星であり、ともに望遠鏡についている方角を示す目盛環の誤差がこんなまちがいを起こさせたのだと主張したのである。

さらにスイフトの観測に対しては、ワトソンの観測を知ってからあとでデッチあげたものだと非難している。

二人の独立した観測結果が一致することはあるが、この場合は一致していない。もし二人とも正しいとすると、少なくとも三個、あるいは四個の新惑星が発見されたことになる。スイフトに対する非難があたっているかどうかは別として、この区域の星図とくらべてみることは興味がある。そこで、これに関するホッジソンの見解を紹介しておこう。

やっぱりバルカンは発見されなかった

ホッジソンによれば、ワトソンのaはシータ星であり、ワトソンがシータ星と考えた星は二〇番星で、日食のときにはデルタ星は太陽の東の縁に非常に近いところにいたと指摘している。シータ星は赤い色の星で、二〇番星よりも明るいが、いずれも六等級でワトソンの推定した明るさではないし、シータ星はワトソンの報告よりも赤緯はもっと南にある。それゆえaはシータ星にちがいないと判断している。

ワトソンのbについては不明な点があるとしている。この星の近くには、赤色周期変光星として知られているかに座vという星があるが、これは最も明るくなったときでも七・五等で、はるかに暗いのである。あるいは尾のない彗星とか、突然に現われた新星ということも考えられるが、赤味をおびた色という報告だから、これにもあてはまらない。観測の際、円像を確かめるとか、精密な位置をはかるとかの処置をとっていたら、という点が心のこりである。

問題は解決したか

ワトソン、スイフトの発見の報は、結局は誤りとされた。バルカンはとうとう発見されなかったのである。いぜんとしてバルカンはまぼろしの惑星である。水星よりも太陽に近づく小惑星はあるが、いわゆる大惑星の存在説は消滅していったのである。それは、アインシュタイン（一八七九—一九五五）の提出した相対性理論が、水星近日点移動のなぞをみごとに説明してくれたからであった。

——しかし、「太陽は光の道すじを変える」の章でもちょっとふれておいたが、ディッケはアインシュタインの理論は不完全だと主張している。彼は、太陽の扁平率を観測し、太陽がまんまるでないことを示したのである。そして、太陽がひずんでいることによっても、水星の近日点のふしぎな移動が説明できるという。したがって、この問題はまだまだ尾をひきそうである。

ルベリエが示した天体力学上の大問題は、バルカンによっては解決できなかった。それでは、これほど多くの人たちが、けんめいにバルカンを追い求めたことはむだだったといえるだろうか。そうではない。まぼろしの星を発見したという一時的な誤りは起こしたけれども、科学というものは、このような過程をへて一歩一歩正しい答を見出してゆくものだということを、われわれに教えてくれたような気がするのである。

一九七一年に水星の内側に惑星があることがわかったというニュースがイギリスの天文学者によって発表された。これは新聞にも報じられ、一時いろめきたったが、その後の報道がないところを見ると、これもまぼろしであったのだろうか。木枯紋次郎ばりに表現すれば「その星がどうなったかは、さだかでない」。

一日にお正月が二回もある世界

常識がくつがえった！

「寝耳に水」とは、まさにこのようなことをいうのかもしれない。水星の自転周期が五九日であると発表されたとき、世界の天文学界はつよいショックを受けた。一九六五年四月のことである。これはプエルトリコのアレシボ天文台での電波による観測から、ペテンギルとダイスが発見したものである。

それまで水星は、太陽に対してつねにおなじ片面を向けながら、太陽のまわりを回る公転周期とおなじ八八日で一自転するとされていた。このことをスキヤパレリ（一八三五―一九一〇）が一八八九年に主張してから八〇年近い間、望遠鏡による観測はすべてこの主張の正しさを示してきた。天文知識を少しでももちあわせている人にとっては、これは常識でさえあった。その常識がくつがえったのである。

古いスケッチは無意味か?

五九日という自転周期が発表されたとき、多くの水星観測者たちはがっかりしたようである。八〇年間にわたる苦心の成果を示すたくさんの水星図や、自分たちのスケッチしたものが、もはや単なるくずと化してしまうのではないかとさえ感じられたし、水星面の模様についての知識にも自信をなくしてしまう思いをいだいたかもしれない。

もし、五九日周期が正しいのなら、古い水星図はすてられないまでも、書庫の奥深くしまいこまれてしまうだろうし、多くの観測記録もまた単なる「歴史の一資料」としての意味しかもてなくなってしまう。一九二〇年代に八二センチメートル屈折望遠鏡で観測したアントニアジ(一八七〇―一九四四)の有名な水星図も例外ではないのである。

もっとも、よく注意してみると、これまでに得られていた水星図の模様が、すべて一致していたわけでもないし、一時的に、あるいは長期間にわたって変化を見せたこともあった。けれども、八八日という自転周期にこだわりすぎたためか、あるいは有名な天文学者の手になる水星図からの先入観がつよすぎたためか、変化をとらえた観測そのものが誤りとされたことが多かったようである。

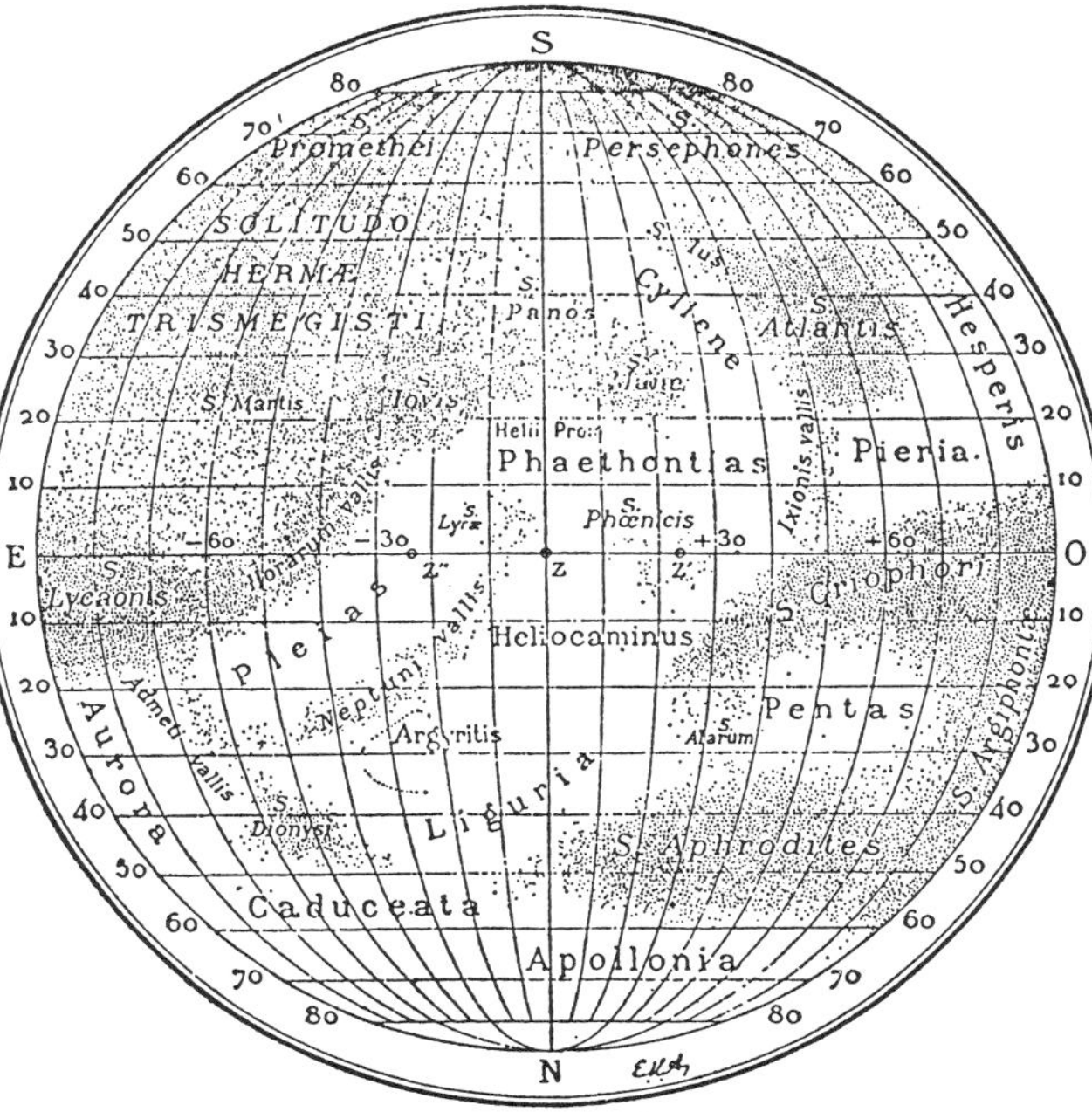

アントニアジの水星図.

アントニアジ自身も何回か模様の変化を見ているが、これらは水星大気の雲によるものだと考えた。近代的な観測は、水星大気は雲を作るに十分な低温と密度をキャッチしていないし、分光観測の結果からも、アントニアジの説明は通用しなくなっている。五九日周期の発見は、こうして古いスケッチをほごにしようとするほどの威力をもっていたのである。

しかしスケッチは正しかった

だが、八〇年にわたる、多くのしかも熟練した観測家たちによるスケッチが、かなり一致しているということは、偶然そうなったと考えるわけにはいかない。なぜそうなったかを解明する必要がある。

五九日周期を正しいとした場合でも、八八日周期説をささえてきたこれらのスケッチとおなじものが得られるのではなかろうか——こう考えた人があった。チャップマンもその一人である。彼は、一八八二年から一九六三年までの間に得られた一三〇枚のスケッチをつぶさに調べた。その結果、昔からの水星図は、八八日周期のほかにも五八・六四六二日という周期のときでも説明がつくことを発見したのである。つまり、五八・六四六二日が正しい周期だったのに、八八日周期で説明できるために、みんな知らず知らずのうちにだまされていたというわけである。

なぜ多くの人がだまされたか。自転周期が公転周期とおなじ天体の実例として、月が知られており、あまりにも身近なところに存在していたことが、心理的な影響を与えたのかもしれない。しかし、こういう影響がかりにあったとしても、それはほんのわずかなもので、ほんとうの理由はつぎのようなものである。

会合周期

その理由を述べる前に会合周期ということを説明しておく必要がある。地球から見て水星と太陽が一直線にならんだ状況を合という。水星が地球と太陽の間にあって合となるときを内合、水星が太陽の向う側にあって合となるときは外合という。これら合のときは、太陽の光にじゃまされて、もちろん水星は見えない。

さて、あるとき内合の状況になったとしよう。水星の公転周期は八八日、地球は三六五日だから、水星の方が地球より先に進んでいく。したがって、地球が太陽のまわりを一周する前に水星ははやばやと一周し、さらに地球に追いついて、ふたたび内合の状況になる。この内合からつぎの内合までに要する日数を「会合周期」という。

外合からつぎの外合までもおなじである。合だけでなく、ある特定の位置関係のときからスタートして、またそれとまったくおなじ位置関係になるまでの時間も会合周期に等しくなる。地球と水星の会合周期は一一五・八八日である。

ストロボ効果

ところで、チャップマンがスケッチからつきとめた水星の自転周期は五八・六四六二日であった。これは会合周期のだいたい二分の一である。

いっぽう、水星は太陽に近いため、太陽から最も離れたとき(最大離角)にしか観測はなされない。それも三回目ごとの離角のときにしか観測に適しない。一三二ページの表はそのようすを示したもので、観測の好期という○印のついた日の間隔は、だいたい水星が三回自転する日数だ

水星の最大離角（○印は観測の好期）

1970年	2月 6日	W	1972年	8月26日	W○
	4月18日	E○		11月 5日	E
	6月 5日	W		12月 4日	W
	8月17日	E	1973年	2月26日	E○
	9月28日	W○		4月10日	W
	12月11日	E		6月23日	E
1971年	1月19日	W		8月 9日	W○
	4月 1日	E○		10月19日	E
	5月18日	W		11月27日	W
	7月30日	E	1974年	2月 9日	E○
	9月12日	W○		3月23日	W
	11月24日	E		6月 4日	E
1972年	1月 1日	W		7月22日	W○
	3月14日	E○		10月 1日	E
	4月28日	W		11月10日	W
	7月11日	E			

ということがわかる。この関係に会合周期をからみ合わせると、六自転、三会合周期ごとに、まったくおなじ状況の水星面を見ていることになる。すなわち、いままで各観測者は、理想的な離角のときに観測してスケッチを描いたのだが、そのときには水星はいつもおなじ面を見せていたということになる。「ストロボ効果」とでもいっておこう。

したがって、昔の人が八八日の自転周期を考えたのはむりのないことであり、そのスケッチが五八・六四六二日の周期とも一致することがわかって、あぶなく無視されようとしたこれらの水星図は、ふたたび息を吹きかえすこととなった。いや、かえって、昔の観測者たちのスケッチの正確さが再認識されたのである。

必要なスケッチ

しかし、これですべての疑問がとけてしまったわけではない。アレシボ天文台の電波による研究にも、わずかながら誤差があり、五九日の自転周期は完全に正確だとはいいきれない。公転周期の三分の二にきわめて近いというだけである。したがって、もっと正確な周期を求めて観測はつづけられなければならない。写真による水星面の観測はむずかしいので、スケッチもまたつづけられる必要がある。

ところが、今日のいそがしいプロの天文台は、水星の光学的観測にはいささか冷淡のようだ。なぜなら、長期にわたる眼視観測が必要だからである。ますますせまい分野を深く探究する傾向にある今日の天文学者たちは、水星の眼視観測というような計画には時間をさけなくなっている。この種の仕事はアマチュア天文家がやらなければならないようである。適当な大きさの望遠鏡と、人なみ以上の根気、これがなんといっても欠かせない条件であるが……。

自転周期は変わるか

五九日という自転周期は安定しているのだろうか。水星は誕生以来ずっと現在の軌道をもちつづけたわけではなく、太陽の潮汐力によって自転はおそくなってきたといわれる。もし水星の軌道が円軌道に近かったら、現在考えられている太陽系の年齢よりもはるかに短い間に、公転周期とおなじ自転周期までおそくさせられたかもしれないともいわれる。このような例は、地球の月、土星の衛星イアペタスに見られる。

しかしながら、水星軌道の離心率は〇・二一という大きいもので、近日点（距離四五〇〇万キロメートル）と遠日点（六九〇〇万キロメートル）とでは、太陽からの距離に大きなちがいがある。太陽の潮汐力は距離の六乗に反比例するから、近日点にある水星に対しては回転を速めるような結果になり、軌道上の他の点でせっかく回転をおくらせても、近日点でそのおくれを挽回させているのだという。これはペテンギル、ダイスの考えである。

コロンボやシャピロもこの問題を研究し、水星の軌道がかなりつぶれていたために、太陽の潮汐力が水星の自転周期を公転周期の三分の二にさせたもので、この周期は安定していると主張している。他の研究者たちもこの点を調べ、自転周期は五八・六五日という値を中心にして、ほんのわずか振動すると報告している。

このような研究から、離心率の大きい軌道をもつ太陽系内の衛星についても、その自転のようすが水星の場合に似ているのではないかという推測が生まれる。とくに木星の第六衛星（離心率〇・一二）、第七衛星（〇・三八）、土星の衛星フェーベ（〇・一七）などが研究の対象になる。残念ながら、木星の第六衛星のほかは、アマチュアの望遠鏡では手におえない天体である。

太陽が逆に動くことがある

水星の自転周期が公転周期の三分の二、つまり五八・六五日で安定しているということになると、ちょっとふしぎなことが起こる。水星面のある特定の地点（どこでもよいのだが）では、太陽が真南（南中という）にあるときから、ふたたび真南に来るまでに二公転しなければならないわけである。いいかえれば、水星の一日は、なんと水星の二年に当たるというわけだ。一日の長さが一年の長さよりも長いという、まことにふしぎな世界であり、水星の世界にお正月という行事があったら、毎日二回お正月を祝うことになる。一日に二歳ずつ年をとることにもなる。

まだふしぎなことがある。軌道の離心率が〇・二一というつぶれ方をしているために、近日点付近での水星の角速度は平均角速度よりかなり大きくなる。もし近日点での角速度とおなじ速さで軌道を動くとしたら、太陽のまわりを一周するのに五六・六日しかかからないだろう。公転周期は八八日だから、平均の速さの一・五倍もの角速度である。この五六・六日という値が、理論的に仮定した自転周期五八・六五日よりも小さいことに注目しよう。つまり近日点付近では、公転角速度の方が自転角速度よりも大きいということである。

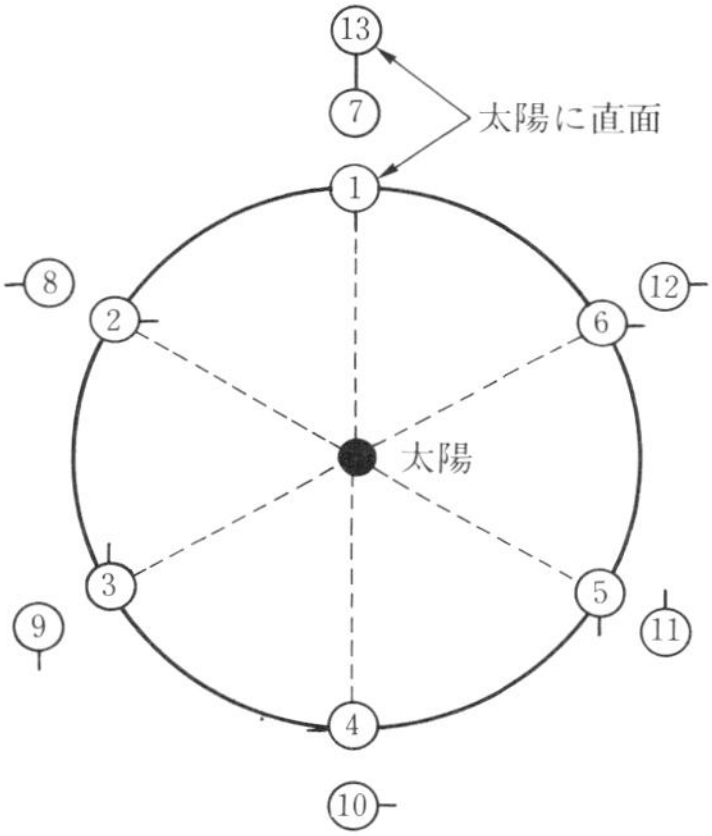

水星が自転しながら公転するとき(番号順に)，水星上の特定の地点が太陽に直面してからふたたび直面するまでに，2周（つまり2年)かかることに注意(ここでは説明しやすいように円軌道にしてある)．

ラフな計算をしてみると、水星が近日点を

通過する四日ほど前（および後）に、この二つの角速度は等しくなる。したがって、いつもは東から西へ動いていた太陽が、このときばったり止まってしまう。その軌道上の停止点にはさまれた八日間ばかりは、太陽が西から東へ動くことになる！

もし、水星が近日点を通過する数日前に、水星上の適当な場所にあなたがいたとしたら、東の地平線にいる太陽が、そのすがたを半分ぐらい見せるまでゆっくり昇り、とつぜん止まったかと思うと、ふたたび地平線下に逆もどりしてから、二度目の日の出が起こり、その後はしだいに速さを増して天を横切り西へ進むのが見られるはずである。地球上では考えられない、ふしぎな世界だ。

以前、ブラジルの一婦人が、「私は水星に行ってきた」と、真剣にテレビのなかで語っていたのを思い出す。もしその婦人がほんとうに水星から帰ってきたのなら、「一日が二年」とか「日の出が二回見られる」というふしぎな現象を体験したはずだ。地球では味わえないことだから、そのことを語らずにはおれないだろう。しかし、彼女は「私は水星人と結婚した……」というようなことしかしゃべらなかった。

太陽が西から昇る金星

昼間の金星

すみきった薄明の空に仰ぎ見る金星はまことにすばらしい。真珠のかがやきという表現をもってしても、その美しさの十分の一もいいつくせない。とくにこの星が明け方の空にすがたを見せるときは、神々しささえ感ずるほどだ。おそらく人類が星空を注意して見はじめたころから、金星は信仰の対象であったのではあるまいか。

ローマ人はこの星にビーナスという名を与えたが、なんという美しいひびきだろう。金星は全天の星のなかで三番目に明るい天体である。それよりも明るいものといえば、太陽と月しかない。太陽は星というにはあまりにも強烈であり、月も星と見るには大きすぎる。とすれば、金星は最も明るい星と感ずるには自然であろう。

この星は最も明るくなったとき、白昼でも見える。これはさまざまなエピソードを生み、笑えない話を作り出す。

一七九七年、日の出の勢いにあったナポレオン（一七六九—一八二一）は、かずかずの武勲をたてて、イタリア遠征からパリへ帰ってきた。この日、白昼にもかかわらず、きらきらとかがやく星が見えた。それは彼の勝利を祝っているかのようであった。これは「ナポレオンの星」とよばれた。

この星は、ちょうど最大光度で光っていた金星であった。金星はだいたい八年ごとに白昼でも見えるほどにかがやく。したがって、このときとくにナポレオンのために明るく光ったわけではない。

一九一三年、ヨーロッパは第一次世界大戦前夜の重苦しい空気につつまれていた。この年も金星は昼に見られた。このときは外国の飛行機とまちがえられた。イギリスはドイツ機と考え、ロシアはオーストリア機だと思って、おたがいに非難し合ったという。とうとう発砲さわぎまで起こしてしまった。ルーマニアはロシアの飛行船と考えてしまったからである。もちろん「飛行船」には命中しなかったし、しばらくの間、外国機ならぬ金星は、地上のさわぎをよそに光りつづけていた。

星の明るさ、等級

白昼でも見える金星は、いったいどのくらいの明るさになるのだろうか。それを述べる前に、星の明るさを表わす等級について書いておこう。

星の明るさを分類したのはかなり昔のことである。ギリシャの天文学者ヒッパルコス（前一九〇頃―前一二〇頃）ははじめて星の明るさを区分する尺度を発表した。最も明るい星（恒星）を「一等」の部類に入れ、肉眼でやっと見わけられるものを「六等」の部類に入れたのである。この中間に当たる星は、感じたままに適当な部類に入れられた。

明るさの差を等級になおす式のようなものはなかったが、現在使用しているものとそうちがっていない。人間の目というものは、あんがい微妙な明るさのちがいを見わけられるものらしい。

精神物理学をはじめたウェーバー（一七九五―一八七八）とフェヒナー（一八〇一―一八八七）は、ウェーバー‐フェヒナーの法則とよばれるものを考え出した。これは星の等級について求められたものではないが、星の場合に応用すると、だいたいつぎのようになる。「光の強度（刺激）が等比級数的に増加するとき、光に対する目の感覚は等差級数的に増加する」というものである。

これを式で示すと、

$$m_2 - m_1 = -2.5 \log (b_2 / b_1)$$

ここで m_2 と m_1 は二つの星の等級、b_2 と b_1 は二つの星の明るさである。この式はポグソン（一八二九―一八九二）が作ったので、「ポグソンの式」とよばれる。この式からわかるように、これは二つの星の明るさの差が問題になっている。したがって基準になる星が必要となる。はじめ基準星としては北極星が採用されたが、あとでこの星の明るさが変化することがわかり、多くの星の平均値によって基準を決めることになっている。

計算によって星の等級が求められるようになると、一等とか五等というような、きっちりとした等級ばかりでなく、一・三等というような小数点のついたもの、マイナス〇・八等というようなマイナス記号のつくものまで表わせるようになった。なお一・〇等星は六・〇等星のちょうど一〇〇倍の明るさになっており、二つの星の等級が一等級ちがうときは、明るい方は暗い星より約二・五倍明るいことになる。

金星の明るさ

さて、金星の明るさに話をもどすことにしよう。

金星は地球の内側にある惑星（内惑星）だから、水星とおなじく、地球から見ると月のようにみちかけをくりかえす。したがって地球から見た金星の明るさは、距離ばかりでなくみちかけのようすにも関係してくる。

外合のときは地球から最も遠いので、大きさは小さく角度で約一〇秒の直径しかないが、満月のような状態だから、マイナス三・五等ぐらいである。ただし、太陽の向う側にあって見えない。外合をすぎると金星は太陽の東側にすがたを見せ、いわゆる宵の明星となり、だんだん大きさは大きくなってゆくが、満月をすぎた月のように形が細くなってくるので、光度はマイナス三・三等ぐらいまで暗くなる。その後はなおも細くなってゆくが、地球に近づいてくるので、ぐんぐん大きくなり、かえって明るくなる。そして太陽から最も離れる最大離角のころには二四秒という大きさの半月状となる。そのときはマイナス四・一等ぐらいの明るさだ。

最大光度は、それから約一か月後にやってくる。マイナス四・四等ぐらいで五日月の形を見せる。それからは急に細くなり内合となってすがたを一時的にかくしてしまう。内合をすぎると、今度は太陽の西側に移り、明け方の空にかがやき、明けの明星となる。これからふたたび外合までは、先に述べたのと逆の経過をたどるのである。

古代ギリシャでは宵の明星と明けの明星はべつの星と考え、それぞれに名をつけていたが、バビロニア人は早くからおなじ星だと考えていたらしい。ギリシャで同一の星だとするようになったのは、ピタゴラスがバビロニアの天文知識をとり入れてからだといわれている。

ガリレオの胸のうち

金星のかがやきが最高に達するとマイナス四・四等になることを書いた。これは恒星のなかで最も明るいおおいぬ座のシリウス（マイナス一・六等）の一三倍もの明るさで、昔はすんだ川に金星が映ったといわれたし、地面には金星に照らされた木の影がかすかにみとめられたともいう。スモッグや光の害のないよき時代の光景がうらやましい。

はじめて望遠鏡をこの星に向けたときのガリレオ（一五六四―一六四二）の胸のうちはどうだったろう。月のあばたを発見したときとおなじような感激を期待したにちがいない。しかしその期待は完全に裏切られてしまった。月のようにみちかけを見せてくれたにすぎなかったからである。望遠鏡を通して見た金星は、肉眼で見たときの美しさとはくらべものにならない。それは平凡な星であった。やや黄色をおびた、なんの変化もない星であった。

模様から求めた自転周期

それでも熱心な観測者たちは、金星の表面をさぐりつづけていった。その結果、たくさんの明るい帯や暗いすじ、明るい点や暗い斑点をつぎつぎに見つけた。なかには金星の山を見たという観測者もある。これらの観測者たちは、金星の帯やすじ、その他の模様があまり変化しないことに気がついた。そして、この模様の見え方から金星の自転周期を求めてやろう、という気持をもつことになったのである。

だが、これらの模様は非常にうすいもので、ときどきちらっと見せる模様にいたっては、よほど熟練した観測家でなければ確認できるものではない。だから自転周期を求めるのは非常に困難な作業であった。それでもG・D・カシニ（一六二五―一七一二）は、金星が二三時間二一分で一自転することを知った。これにつづいて息子のJ・J・カシニ（一六七七―一七五六）は二三時間二〇分に修正した。

おなじような値をシュレーター（一七四五―一八一六）は一八一一年に、ド・ビコ（一八〇五―一八四八）は一八四一年に得ている。これに対してW・ハーシェル（一七三八―一八二二）は、はっきりしない模様をもとにして求められた自転周期は信用できないと反論した。たしかに、いまのこされている金星のスケッチを見ても、人によってその模様が非常にちがっている。したがってハーシェルのいいぶんは正しいようである。

一八九〇年になってスキヤパレリは、それまでの常識をうちやぶる考えを発表した。金星の自転周期は二二四日一六時間四八分であろうというのである。これは、金星が太陽のまわりを一回りするのに必要な時間とおなじであり、この星はいつも太陽におなじ面を向けていることになる。

水星の章でも書いたが、彼は水星についてもまったくおなじことを主張している。この考えはのちにローウェル（一八五五―一九一六）によっても支持され、それ以来スキヤパレリの結論が大勢をしめたのであった。しかし疑問はのこった。その後の目による観測をもってしては、この自転周期の問題は解決しなかったのである。

模様がダメならスペクトルだ

目による観測から求めた値があまり信用できないとなれば、もっとよい方法はなにか――その答は金星のスペクトルを観測すればよいということになる。

一九〇〇年、ロシアの天文学者ベロポリスキーはこの観測をはじめた。もし金星の自転軸が地球とおなじぐらいに傾いているとすれば、金星の端の一つは地球に近づくように動くことになり、他の端は遠ざかるように動くだろう。近づいてくる端のスペクトル線は紫の方にずれ、遠ざかる端のは赤の方へずれることになろう。

彼はこのような現象をとらえることができ、二四時間四二分の自転周期を発表したのである。翌年彼はこれより七分短い値に修正したが、その後ほかの天文台で行なったおなじような観測では、これとはまったくちがった値が出てしまったのである。たとえばローウェルの場合がそうであった。

写真でなら……

つぎに写真で金星の模様をとったらどうだろうということになった。写真ならば観測者の主観が入らないので、よい結果が得られるだろうと期待された。だが、これも失敗だった。ふつうの光による写真は、たしかに金星の模様をとらえはした。しかしこれは金星の表面のものではなく、大気の上の部分を写したにすぎなかったのだ。

一九二七年にロスが紫外線による写真をとった。彼はこれから、不確実ながら約三〇日の自転周期を求めている。カイパーも一九五〇年と一九五四年に紫外線による写真をとった。この写真にはあざやかな明るい帯と暗いすじがいくつもみとめられた。これから金星の自転軸の方向がはじめて求められた。それによると金星の北極は赤経三時三二分、赤緯八二度というのだが、金星の赤道は軌道平面と三二度ばかり傾いていることになる。しかし待望の自転周期を求めることはできなかったのである。

金星は逆回りか?

一九五六年、リチャードソンは口径一五〇センチメートルと二五〇センチメートルの大望遠鏡を使ってスペクトル写真をとった。これからも金星の北極方向の位置が求められたが、カイパーの値とはかなりちがっていた。すなわち北極は赤経二〇時四四分、赤緯六四度であり、赤道と軌道面の傾きは一四度であった。自転周期ははっきりしないが、リチャードソンは七日より長いか、あるいは逆回転で三・五日より長いだろうと考えた。

この値は目を見はらせるものであった。彼は大胆にも逆回転という考えを提出したからである。

惑星の自転方向は、例外なく公転方向とおなじだとされていた。すなわち、すべての惑星は、北の方から見おろすと太陽のまわりを反時計方向に回る。そして、これとおなじ方向に自転している。もしリチャードソンがいうように金星が逆回転しているとすれば、金星世界では太陽が西から昇り東に沈むことになるのだ！

逆回りではない！

これに対しても反対の証拠が出されてしまった。一九五六年にクラウスは金星からやってきた電波をとらえたのである。これは、地球におけるかみなりのようなものだと考えられた。金星のかみなりが一三日の周期で生ずることを見出したクラウスは、これを利用して二二時間一七分の自転周期を計算で求めた。逆回転ではなかったのだ。

しかし、金星のかみなり電波をキャッチしたのはクラウスだけであり、したがってこの自転周期をそのまま受入れるわけにはゆかなかった。今日の科学は、たった一人の成果をそのまま信じたりはしない。他の人によって確かめられる必要があるのだ。

電波を金星に当てろ！

そのころ天文研究の革命的な方法としての電波天文学が、一歩一歩と確かなあゆみを見せつつあった。太陽から、惑星から、はるかかなたの天体からやってくる電波をつぎつぎにキャッチしていた。天体電波は光を通じてしか得られなかった情報とはまるでちがった宇宙のすがたを提供してくれた。これに力を得た天文学者たちは、すばらしいアイデアを生み出した。

第二次世界大戦中、おしよせてくる敵機をいちはやくキャッチするために電波を発射したものだ。電波は敵機に当たると反射して返ってくる。その反射波から敵機の動きがとらえられた。その経験を生かして天体に電波をぶつけてみよう。その反射波からなにか新しい情報が得られるにちがいない。この考えはまず流星に向けられた。流星は地球に最も近い天体だったし、戦争中たまたま流星から反射して返ってきた電波を敵機からのものとまちがえて大さわぎをしたにがい経験があったからだ。その結果、いままで夜にしか観測できなかった流星を白昼でも観測できるようにした。月へぶつけることにも成功した。つぎは金星だ。

しかし反射波は非常に弱いから、これを受信するためには感度のよい装置を作らねばならない。これには少し時間がかかった。成功したのは一九六一年のことである。この電波は金星の表面に当たって返ってくる。いままでの光による観測では、金星をつつむ大気の雲からの情報しか得られなかったから、この成功の意味は大きかった。金星本体の回転のようすはもちろんのこと、表面のでこぼこさえも知ることができる。

だが、この年の測定では、金星の自転はおそいということしかわからなかった。装置の感度が不十分だったからである。しかし、このとき得られたデータには、おどろくべき情報がかくされていた。くわしく分析したカーペンターは、金星は逆回転しているようだと感じたのである。

逆回りしていた！

彼は大いそぎで受信装置を改良した。翌年早くもこの器械で観測を開始する。――その結果は一九六四年に発表された。金星はまさしく逆回転していたのだ。自転周期は約二五〇日と出た。それ以後、カーペンター、ゴールドシュタイン、シャピロ、ダイスなどがこぞってより正確な周期を求めて観測と取組んだ。これらの学者によりいろいろな値が得られているが、だいたい二四三日である。

こうして、三世紀にわたった金星自転周期の問題は解決をみたのであった。一九七〇年、国際天文学連合は、とりあえず二四三・〇日を自転周期とし、金星の北極方向は赤経一八時一二分、赤緯六六度と決定したのである。金星での北極星はりゅう座の三六番という五等星となる。

ところで二四三日という値は重要な意味をもっている。金星の三回の自転時間が地球の二年にほぼ等しい。これは地球と金星が深いつながりをもっていることを示す。金星におよぼす力の影響は、地球よりも太陽の方がはるかに大きいのに、どうしてこういう関係が生じたのか、このなぞはまだとけていない。

さらに、金星をおおう雲の観測から、雲の自転は非常に速いことがわかっているが、おそい自転をする惑星が、速い自転を示す大気にとりかこまれることがどうして可能なのかについても、いまのところよくわからない。金星の正体はまだまだなぞにつつまれているようである。

ともあれ、金星世界の一日は約一一七地球日と非常に長い。これでは金星人など生存できるはずはないだろう。

青年ホロックスの歴史的観測

宇宙の縮尺、天文単位

地図というものは便利なものだ。縮尺が与えられていると、さらにその価値は増す。たとえば五万分の一の地図上で一センチメートルの距離は五〇〇メートルを意味する。逆にいえば、適当な縮尺を使えば、どんなにひろい地域でも一枚の紙の上にすっぽりおさめることができる。太陽系や宇宙でさえ図示することは可能となる（そうたやすいことではないが……）。ここで重要なのは縮尺を書いておくことだ。

太陽系を図に表わす場合、大きさの単位としては、地球と太陽の間の距離の平均値（つまり地球軌道の半長軸の長さ）を採用し、これを天文単位とよんでいる。けれども、この単位の大きさがはっきりしないと、太陽系の大きさは決定しないことになる。もちろん縮尺も書けない。

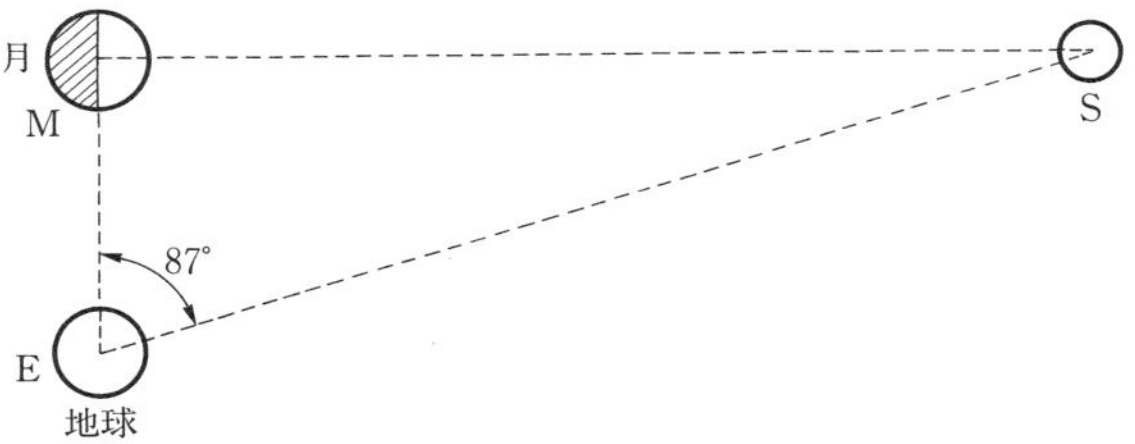

月が半月のとき，太陽と月との間にできる角度．

宇宙の距離を表わすのに「パーセク」という単位が使われる（一パーセクは三・二六光年にあたる。一光年は光が一年かかって届く距離をいう）。これが天文単位を基礎としていることを考えると、天文単位は単に地球・太陽間の距離だと、軽い気持ですますわけにはゆかなくなる。

アリスタルコスの苦心

宇宙の大きさをはかるということは古代からいろいろ試みられてきた。宇宙の大きさといっても、昔は地球中心の太陽系（地球系というべきだろう）が、そのまま宇宙でもあったのだから、太陽までの距離をはかることは宇宙をはかる第一歩でもあった。この問題と最初に取組んだのはアリスタルコス（前三一〇頃―前二五〇頃）だという。

彼は月が半月のときの、太陽と月との間にできる角度をはかり八七度とした（上の図）。地球から見て月が半月になる瞬間には、月から見た地球と太陽が作る角度は直角である。これから、地球と月の間の距離（EM）と太陽までの距離（ES）との比は

$$EM / ES = \cos 87° \fallingdotseq 0.052$$

となる。したがってEMの値がわかれば、ESは計算で求められる。

この式で、地球から太陽までの距離は、月までの約一九倍ということがわかる。実際にはアリスタルコスは三角関数を使わず、八七度という角度から、初等幾何学の証明法で苦心のすえ、「地球から太陽までの距離は、月までの一八倍より大きく二〇倍よりも小さい」という結果をみちびいたのであった。ここでは紹介しないが、その証明法のすばらしさにはおどろかされる。

しかし、求められた値はとんでもないものである。現在わかっている距離の比は、アリスタルコスの値の、なんと二〇倍である。望遠鏡のなかった時代のことだから、肉眼だけで半月の瞬間をとらえることは無理だったし、九〇度に近い角度の場合には、わずかな誤差が大きな影響を与えるので、彼のやり方は理論としては正しくても、正しい値を得ることはできなかったのである。

プトレマイオスもお手あげ

中世を通して採用された太陽までの距離はプトレマイオスによって推定されたもので、ヒッパルコス（前一九〇頃—前一二〇頃）が考察した方法によったものである。これは、月食のときに月に映った地球の影の視直角をはかることを基礎にしたものであった。

一五四ページの図でσとμをそれぞれ太陽と月の視差（太陽および月から地球の半径を見たときの角）とする。Uを月面上の地球の影の視半径とする。図からわかるように

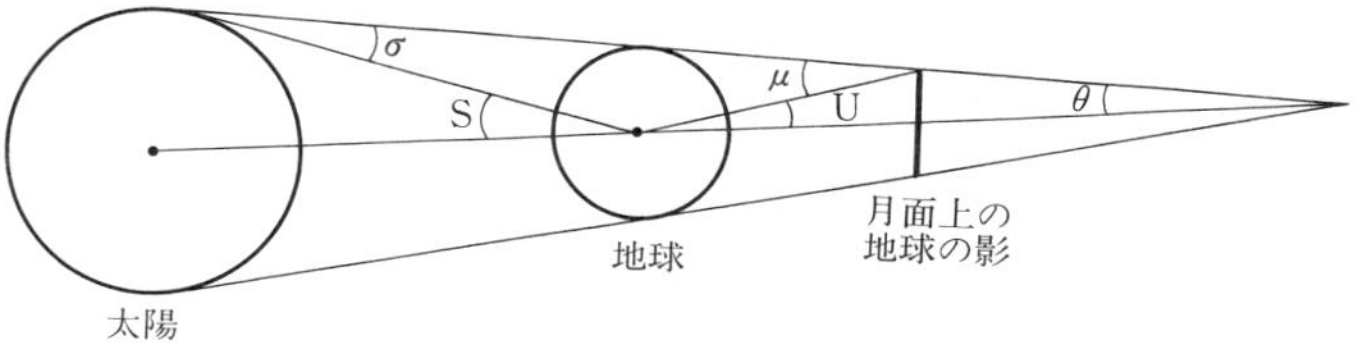

太陽と月から地球の半径を見たときの角度.

であるから

$S=\sigma+\theta$　かつ　$\mu=U+\theta$

$S+U=\sigma+\mu$

となる。

つまり「太陽の視半径と月面上の地球の影の視半径の和は、太陽と月の視差の和に等しい」ということを示す。けれども太陽の視差は月の視差にくらべるとあまりにも小さすぎ、この方法で太陽の視差を決定することは困難であった。

さらに、月食のときに見られる地球の影は境界がはっきりしないので、精密な太陽の視差を求めることは不可能なことである。それでもヒッパルコスは視差を苦心して求め、月までの距離は地球半径の五九倍という値をみちびいた。

当時はすでに、エラトステネス（前二七五頃—前一九四頃）が地球の大きさを測定していたが、その値をもとに計算しても、月までの距離はかなり正確なものである。けれども太陽までの距離となると、ヒッパルコスは地球半径の一二一〇倍という値を出しており、この方はまるで話にならないほど小さいものであった。

古代の学者たちは、天体までの距離という問題を研究しているうちに、長い間には、月がほとんどおなじ条件の位置に来ることがあるということに気づくようになった。したがって、これらの観測から、月までの距離を計算するための精度のよいデータを得ることはできた。しかし、月以外の天体までの距離となると、それはあやふやなものであった。

金星の太陽面通過

古代のやり方がだめだとわかると、つぎに考えられたのは、地球に接近したときの金星や火星までの距離をはかることであった。古代とちがって惑星のくわしい観測が行なわれ、正しい太陽系の図も描けるようになっていたから、その距離がわかると、図から天文単位が計算できるわけである。縮尺を求めさえすればよかったのだ。

まず火星観測がとりあげられたが、ここでは、さまざまなエピソードを生んだ金星の場合について述べようと思う。

その観測とは、金星が太陽面を通過するのをとらえることであった。

金星と地球の会合周期は五八四日である。いいかえれば、金星は地球よりも太陽のまわりを三六〇度よけいに回るのに五八四日かかるということだ。これは一日あたり地球よりも〇・六二度

（360°÷534）ずつ進むことになる。

金星が内合のとき、金星から太陽までの距離と、地球までの距離の比は二・六対一となる。したがって、地球から見える金星の速さは、太陽面では二・六倍に拡大されるので、金星は一日につき一・六度（0.62°×2.6）の割合で太陽面を通過するように見える。もし、太陽面の直径（〇・五度）を通過するとすれば、七・五時間かかることになる。地球は自転するので、この七・五時間という時間は地球上のいろいろな観測所での観測値に差異を起こさせることになる。一般には、金星は太陽の直径を通らないのでもっと短い時間になるが、理屈はおなじである。

話をかんたんにするために、地球上のA、B二つの観測基地を考えよう。A、Bで観測された金星の経路を一五七ページ下図のようだとする。二本の弦の角距離をϕとすると、金星の視差θはϕとσの和となる。もし、地球から金星までの距離をV、太陽までをSとすると、

$$\sigma=(V/S)\theta$$

ゆえに

$$\theta-\phi=(V/S)\theta$$

すなわち

$$\theta(1-(V/S))=\phi$$

となる。

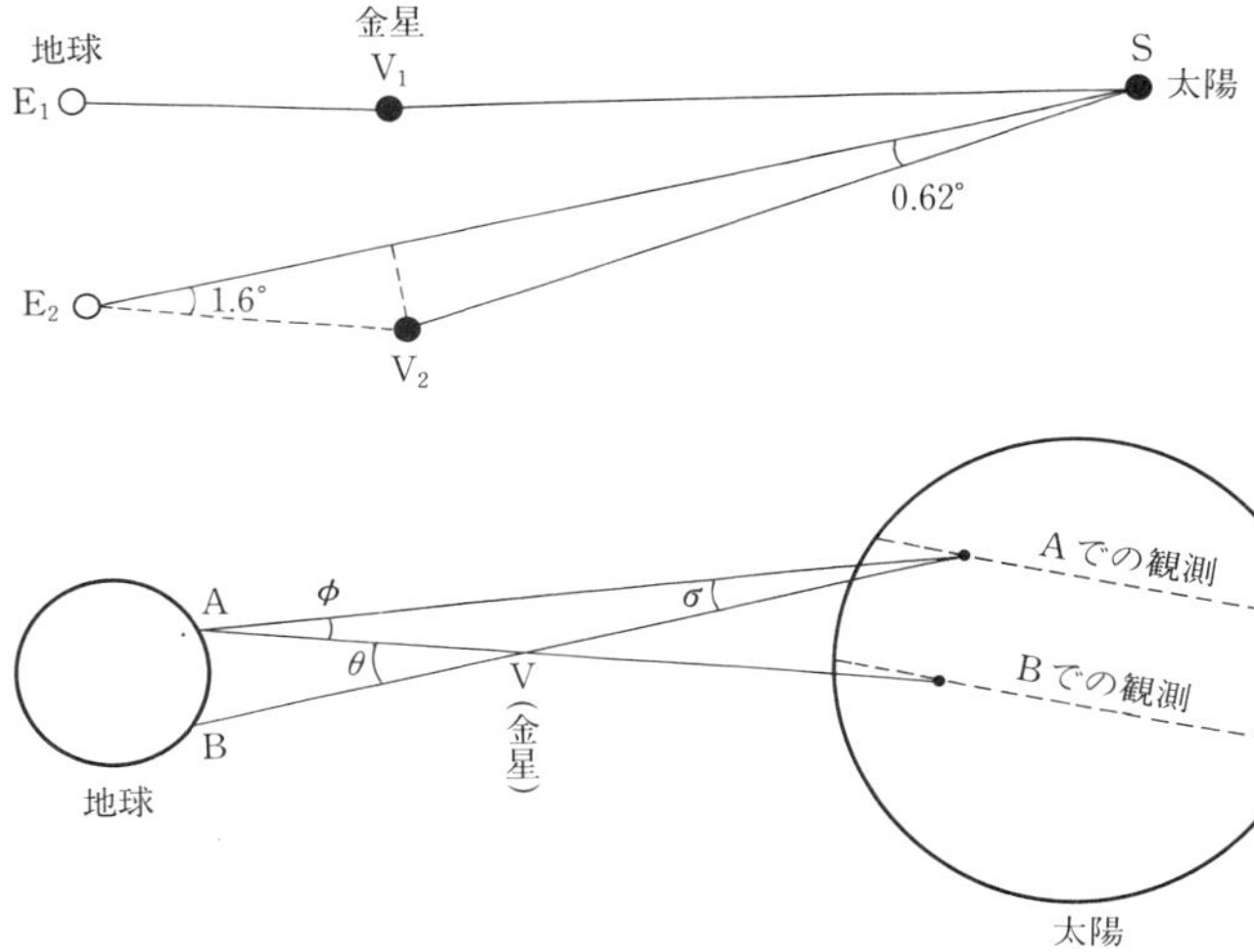

地球から見える金星の速さ(上)と地球上のA，B点から観測した金星の経路(下).

ここで、(V/S)は太陽系の図からはかれるし、ϕは測定から求められ、したがって、θが計算できる。もしAB間の距離がaキロメートルならば、地球から内合のときの金星までの距離は(a/θ)キロメートルとなる。実際にはこう単純にはいかないが、原理はきわめてかんたんなものである。

この金星の太陽面通過というめずらしい現象を観測して、天文単位を求める方法が注目されるようになったのは、ハリー(一六五六—一七四二)がつよく主張したからであった。

ケプラーの予報

惑星(といっても水星と金星だけだが)が太陽面を通過する現象はめずらしいものだが、その最初の観測は、哲学者でもあったガッサンディ(一五九二―一六五五）による水星の太陽面通過である。一六三一年のことで、ケプラーが予報したものだ。この年一一月七日に、少なくとも三人が観測したというが、科学的記録を目的としたものはガッサンディだけであった。

彼は、穴を通して暗室のなかに入ってきた太陽光によってできる太陽像を注意ぶかく観測した。ガッサンディが足をふんで行なう合図を聞いて、助手が時刻をはかったという。

この観測に成功した彼は、さらにケプラーが予報した一六三一年一二月六日の金星による太陽面通過をも観測しようとした。ところが、この予報には大きなまちがいがあり、通過が起こったときは、ヨーロッパは夜だったのである。

金星の太陽面通過は八年、一二一・五年、八年、一〇五・五年、八年の間隔で起こることがわかっている。したがって一六三一年のつぎは一六三九年であり、これに期待をかけた一青年があった。

ホロックスの興奮

青年の名はホロックス（一六一九―一六四一）、わずか二〇歳の牧師であった。小さいころから天文がすきで、この若さで天文学をほとんどマスターしていたほどの天才であった。

ところで、ケプラーの予報によると、一六三九年一一月二四日（今日の暦では一二月四日にあたる）には、金星は太陽面のわずか北を通り、太陽面通過は起こらないということになっていた。ホロックスは首をかしげた。「前回ケプラーは予報に失敗しているし、今回もちょっとおかしい」と思い、自分で計算したのである。その結果、この日金星はあきらかに太陽面を通過することがわかった。

彼は、自分の求めた予報に興奮をおぼえた。歴史上誰も見たことがなく、しかもあと一二一・五年たたなければふたたび見ることのできない現象に出合わすことになったからだ。彼はさっそく観測準備に入るとともに、熱心な観測者である友人クラブトリー（一六一〇―一六四四）にもそれを伝えた。

ホロックスは尊敬していたガッサンディの方法で望遠鏡を組合わせ、紙の上に直径一五センチメートルの太陽像を作ることにした。

「ああ、空の奥深くまで見通すおまえの目と、それを助ける筒で、太陽の永遠のかがやきの上をあゆむ黒い点にいどむときが来た。この現象は生きているうちは二度と見られないものだ！　金星はほんとうの大きさを示してくれるだろう。だがそれは、かわいらしいが、ちょっと陰気な灰黒色のすがたを見せるだろう」

彼は観測計画をたてながら、胸のときめきをこのようにつづった。

不安な星占い

世紀の現象が近づくにつれて、ホロックスはその日の晴天をいのる心がつよくなっていった。というのは、曇るかもしれないという不安がぬぐいきれなかったからだ。そのころ、金星のほかに水星もまた太陽に接近することがわかっていた。これには「天気がくずれる」という占星術上のいい伝えがあった。

ホロックスのような指導的な人が、こんなことに迷うとは考えられないだろうが、時代の背景を考えると、なるほどとうなずける。フレデリック二世につかえた宮廷占星術師でもあった偉大なチコ・ブラーエが死んだのが一六〇一年でそんな昔ではないし、優秀な占星術師ケプラーは同時代の人だから、ホロックスが迷うのも、ふしぎではなかった。当時は天文学と占星術が、まだ大きなつながりをもっていたのだといえよう。

アマチュアのかなしさ

ホロックスは、二四日の午後三時より前に金星が太陽面に入りこむことはないと思っていた。しかし計算の精度に確信がもてなかったことと、このように重要な観測では、だいじをとって、かなり前から観測すべきだという考えもあって、当日は日の出から九時までと、一〇時ちょっと前から午後一時まで観測をしている。

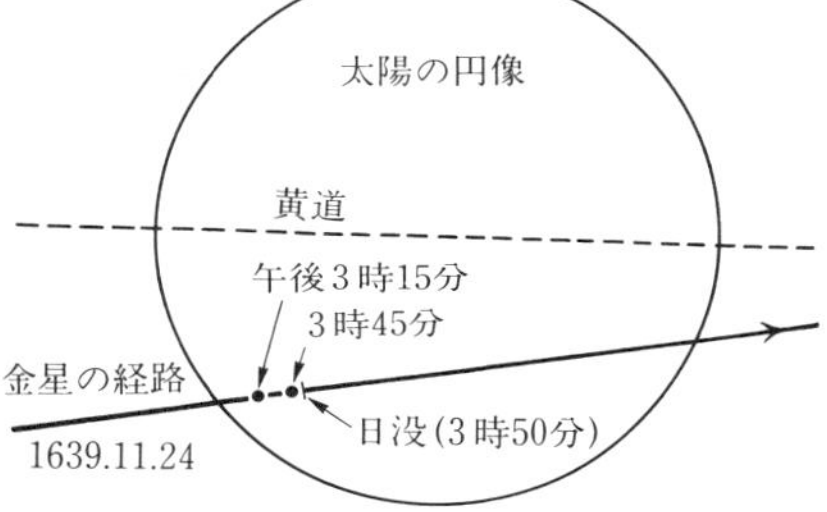

1639年11月24日（ユリウス暦）の金星による太陽面通過の図.
日没は午後3時50分（ホロックスの観測による）.

だが不幸なことに、この日は日曜日であった。牧師にとっては最も重要なつとめが待っていた。そのために観測を一時中断せねばならなかったのである。それはアマチュアのかなしさでもあった。彼は仕事ゆえにまず義務をはたし、自由になってから観測をつづけることにして礼拝堂へ入っていった。

結果として、彼は、最もだいじな瞬間、すなわち太陽面に金星が侵入する時刻、内接する時刻の観測はできなかった。三時すぎに仕事から解放されたときには、金星はすでに太陽面に入りこんでいたのだ。しかし彼はくじけなかった。二度と会えないこの機会をできるだけ有効に観測しようと思った。三時をちょっとすぎたばかりとはいえ、北緯五四度という高緯度の場所では、初冬の日没は四時前にやってくる。彼は必死になって金星の三個の位置とその角直径をはかった。かろうじて三〇分位観測できたが、太陽は金星をほくろのようにくっつけたまま、無情にも足ばやに沈んでいったのである。

クラブトリーの観測

友人クラブトリーはなお不幸だった。星占いどおりに曇ってしまったのだ。しかし、彼も熱心な天文アマチュアであった。晴れるまでねばったのである。このねばりが天に通じたのか、日没約一五分前に太陽はとつぜんすがたを見せた。

「金星が見える、太陽面に！　ボールが太陽面をころげ落ちるような感じだ！」

彼はぼう然となった。よろこびがわいてくるのがわかった。そして無我の境地へひきこまれていった。だが、そのよろこびはつかの間のことだった。無情な雲が、この歴史的現象をおおいかくしてしまったのである。

それでもクラブトリーは金星の角直径をはかっている。さすがといわざるを得ない。

金星の大きさ

ホロックスのはかった角直径は九〇秒（一説には八〇秒）、クラブトリーは六三秒である。もし彼らが金星までの距離を知っていたら、この角直径から直接その距離をマイルの単位で求めることができたはずだ。しかし太陽系の大きさが科学的に決定されたのは約一二〇年後のことだから、二人ともこれ以上のことはできなかった。

いまわれわれの知っている知識から、一六三九年の太陽面通過のときの金星は、地球から三九六〇万キロメートルの距離にあったことを計算で求めることができる。これをもとにして、ホロックスやクラブトリーが求めた角直径から、金星の大きさが計算できる。すなわち、ホロックスの値から一万七二〇〇キロメートル（または一万五三〇〇キロメートル）、クラブトリーの値から一万二一〇〇キロメートルとなる。

現在わかっている金星の大きさは、赤道直径一万二三〇〇キロメートルである。ホロックスの値は大きすぎるが、クラブトリーの値は、あるいは偶然かもしれないが非常によく合っている。昔の観測家の鋭眼にはいつも感服させられる。

うずもれた二〇〇年

天文学者は長生きするといういい伝えがある。しかしホロックスは一六四一年二二歳でなくなった。彼はこの若さで、天体力学の最も困難な問題である月の運動や潮汐理論、木星や土星の不規則な運動を研究し、かずかずの業績をのこしている。クラブトリーはホロックスの死から三年後、三四歳の若さで世を去った。

この記念すべき観測結果は、二人ともあまりにも早死にしてしまったことにもよるが、天文学者たちによってすぐみとめられたわけではない。ホロックスの著作は人の手にわたり、やがてイギリスから海を越えてポーランドの天文家へベリウス（一六一一―一六八七）のもとへ回送された。

ヘベリウスは自分の水星による太陽面通過の観測結果を発表するにあたって、うずもれていたホロックスの観測もあわせて公表したのである。一六六二年のことである。

けれども、当時のイギリスは国内が乱れており、ホロックスのことなど気にとめる人はなく、ふたたびうずもれてしまう運命にあった。やっと陽の目を見るときがやってきたのは、ホロックスが観測を行なった日から、なんと約二〇〇年も後のことである。偉大なアマチュア天文家、W・ハーシェルが、地下にさびしくねむっていたホロックスの業績をたたえて、世に送り出したからであった。

つぎの金星による太陽面通過は、規則正しく一七六一年と一七六九年に起こった。このときはハリーによるすすめもあって、世界的に関心がたかまり、多くの観測隊が編成され、海をこえて遠くの土地へ出かけて行った。そこに予期しない運命が待ちかまえているとは知るよしもなく……。

それについては次章「悲劇の観測」につづることにしよう。

悲劇の観測

一七六一年、戦争のなかで

太陽系の大きさを求めるための資料として、金星の太陽面通過の観測が注目されるようになったのはハリーのすすめがあったからだった。しかし、彼の方法によると、一つの基地で太陽面に潜入する時刻（第二触）と、離脱する時刻（第三触）がともに正確にはかられることが理想とされた。

一七六一年に起こった現象は、ヨーロッパから東の方、北米西部までの地域で見られるものだったが、潜入と離脱がともに見られるのが、シベリア、中国、インド洋、スマトラ、ボルネオというような地域にかぎられた。したがって、多くの観測者たちはこれらの遠い場所へ出かけねばならなかった。一八世紀には、このようなところへ旅立つことは、現在宇宙へ向かって飛び出す

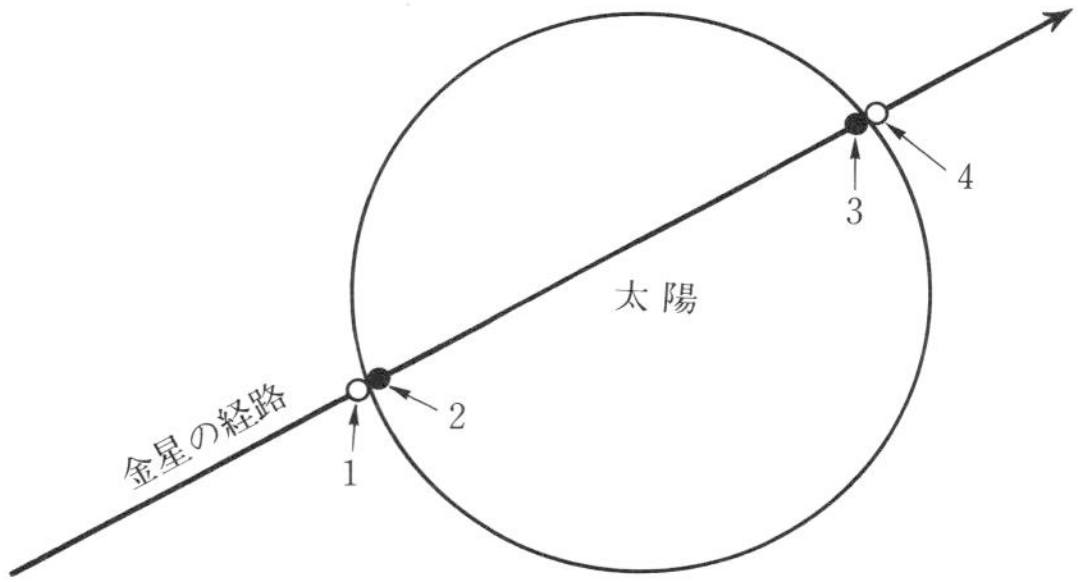

接触の種類．第1，第2触は潜入，第3，第4触は離脱のときに起こる．第1，第4触は見えない．

のとおなじような危険が感じられていた。けれども自然の探究を目的とする人たちにとっては、この危険はかならずしもおそろしいことではなかったようだ。

それよりも、フランスとイギリスが戦争をしていたということの方が問題であった。もし難破や飢えによる死からのがれたとしても、そこにはつねに敵によってとらえられたり、爆破されたりという危険がつきまとうのであった。それにもかかわらず、イギリスもフランスも遠征隊を派遣した。これには他国よりもすぐれた結果を得ることによって、国の威信をふりかざそうという政治的な考えがあったことがうかがわれる(今日の宇宙探査競争にも、あるいはこのような考えがあったのではないか)。しかし、これは多くの悲劇を生むことになった。

足どめをくったイギリス隊

イギリスからの遠征隊のなかに、メイスン（一七三〇―一七八七）とディクソン（一七三三―一七九九）の二人で構成されたものがあった。彼らはポーツマスから出発したのだが、フランス軍隊によってさえぎられてしまった。イギリス海峡ではげしい戦いがあり、イギリスの船は一一名の死者と三四名の負傷者とともにプリモスにとじこめられてしまったのである。

敵の保証のかいもなく……パングレ

フランスの観測者パングレ(一七一一—一七九六)はさらに不幸なめにあった。彼は敵国イギリスの海軍省から「絶対にじゃまをしない」という保証をとりつけて、インド洋のロドリゲス島に観測基地をもうけた。

未開の地で不便を感じながら、どうにか観測を成功させたまではよかったのだが、その直後イギリス軍艦はこの島をおそい、イギリス軍は彼の船を戦利品としてうばい取ってしまい、彼を島にのこして去ったのである。苦労して帰国したパングレは、さっそくイギリス海軍省に抗議したが、戦争中のできごとだけに、どうすることもできなかった。

基地は占領された……ルジャンティユ

もっと不幸な学者がいる。フランスのルジャンティユ(一七二五—一七九二)はインドの南部、東海岸にあるポンディシェリーで観測することにし、一七六〇年三月、すなわち一年三か月も前にフランスを出発するというはりきりようであった。しかし、これがかえって不幸をまねくことになった。

彼が出発してから問題の戦争がはじまり、目的地はイギリスに占領されてしまったのである。やむをえず引き返さざるを得なくなった。金星が太陽面を通過する六月六日を、彼はゆれる船上でむかえた。船の位置も不正確なうえに、振子を使っての時刻測定という状況のもとで、どうにか観測できたものの、不満な結果に終わってしまった。彼は一大決心をした。八年後の金星通過にのぞみをかけることにした。そして、帰国せずにインドにとどまったのだ。これがまたしても悲劇を生むことになった。

一七六九年、平和のうちに

ルジャンティユの悲劇をつづる前に、八年後の一七六九年の金星通過について、いちおう大ざっぱに書いておこう。

このときは前回よりもさらに大きなスケールで観測が行なわれた。観測基地は、シベリアからカリフォルニアまで、ハドソン湾からマドラスまでの範囲にたくさん設置された。このとき編成されたアメリカ隊は、アメリカが科学の発展に力をそそいだ最初の計画となった。いっぽう、エカテリーナ女帝はロシア国内に多くの観測基地を置くことによって、科学文明を自分の国にまねき入れようと考えたのである。英仏間の七年戦争は終わり、今度は平和のうちに観測は実施された。しかし、悲劇はなおもつづいた。

八年の苦労むなしく……ルジャンティユ

前回の観測に失敗したルジャンティユは、ふたたびポンディシェリーにもどり八年間待った。今度はイギリス人からもいろいろ援助を受け、新しい望遠鏡をかりることもできた。この望遠鏡はレンズがつや消しになっていて、晴れたときに太陽だけが見えるという、ちょっと変わったものだ。けれども待望の日六月三日の空は、彼の長い間のしんぼうやイギリス人たちの同情にもかかわらず、金星が太陽面の通過を終えようとするころの、たった三〇分だけしか晴れてくれなかった。またしても観測は失敗に終わったのである。

夢はやぶれ、かなしみに打ちひしがれた彼には、さらに苦難が待ちうけていた。帰国の途中、船が難破したこともあって、彼が故国にたどりついたのは希望に燃えて出発してから、じつに一一年の歳月がすぎたあとだったのである。危険な旅に出てから一一年間、行方不明のような状態になっていた彼は、もう死んだものとされており、彼は自分の財産をとりもどすために、今度は法律上の争いに直面しなければならなかった。彼の財産は相続人たちに分配されていたからである。

成功と悲惨と……クック

話はもとへもどるが、一七六八年から一七七一年のキャプテン・クック(一七二八―一七七九)の航海の目的には、南方の海上から金星の太陽面通過を観測することがふくまれていた。遠征隊は石炭船を改造した三七〇トンの帆船エンデバー号に乗組み、観測地を決めずに出航した。オタヘイテとよばれるキングジョージ島(タヒチ)のポートロイアル港が観測には最も便利だというキャプテン・ウオリスの助言を得ていたようである。

隊員には、グリニッジ天文台のグリーンが加わり、観測の指揮をとることになった。クック自身も天文学にはなみなみならぬ才能を表わしており、「一七六六年八月五日、ニューファウンドランド島における日食観測と、それにより求めた観測地点の緯度」というりっぱな論文を発表しているほどである。

途中一七六八年一二月二三日、海上で日食観測を行ない、翌一七六九年四月一三日、めざすポートロイアル港に入った。いよいよ観測準備がはじめられた。まず二つのチームに分けて、おのおのちがった地点で観測をするようにした。これは一か所で失敗しても、もう一つの場所で成功させようという考えからそうしたのである。

六月一日、一隊はポートロイアル、もう一隊は一晩中ぶっ通しでボートをこぎつづけ、エイマヨウに向かった。いよいよ当日、六月三日は、一日中雲の影ひとつなく、空気はまったく澄みきって、まさに絶好の日和だった。もちろん両隊とも成功した。にもかかわらず、その接触時刻の記録には考えられないほどのくいちがいが生じたのである。

クックの航海記によれば、「金星のまわりに大気があり、しかも濃厚なため、接触時刻の測定に混乱を生じたのであった」ということである。それはともかく、まったく平和のうちに観測は成功したのだ。

しかるに、悪魔がまたすがたを現わした。九四人が乗組んだのに、帰国できたのはわずか五四人にすぎなかった。のこりの人たちは、この時代の長い船旅にはつきものの、というよりはタタリと考えられていた壊血病にはどうにか打ちかつことができたのに、バタビアでの船の修繕中に熱病にかかって死んでいったのである。グリーンは生きて帰れたが、壊血病になやまされつづけたという。

期待は裏切られた

これらの観測をすすめたハリーは、その成果を見ることはできなかった。一七四二年にその生涯をとじていたからだ。だが、彼のねがいは実現したのだ。ハリーがかつて期待した精度で天文単位の長さが決定される仕上げの段階がやってきた。多くの犠牲の上に得られた観測記録だっただけに、その結果は大きな期待をもって注目された。しかし、その期待は裏切られてしまった。水星による太陽面通過の経験から、ハリーは第二、第三触は一秒以内の精度で時刻がとらえられると確信していた。けれども金星は水星のようにはふるまわなかったのである。太陽の内縁からくっきりと金星は離れなかった。金星は離れるのをおしむかのように太陽の内縁にしがみついたのである。

水星には大気がないか、あっても稀薄なのに、金星は濃い大気をもっている。そのことがブラック・ドロップという現象を起こし、したがって、おなじ基地でさえ、その時刻の読みに大きな差を生じてしまったのである。ブラック・ドロップという現象は、ふしぎなことに一八七四年、一八八二年の観測ではほとんど見られなかったという。したがって、原因は金星大気ではなく、ほかの理由を考えた方がよさそうである。以前は肉眼の網膜上のにじみ、目の錯覚説などが考えられたが、現在では一八世紀に使われた望遠鏡の対物レンズの悪さによる、光学収差が原因だというのが有力らしい。

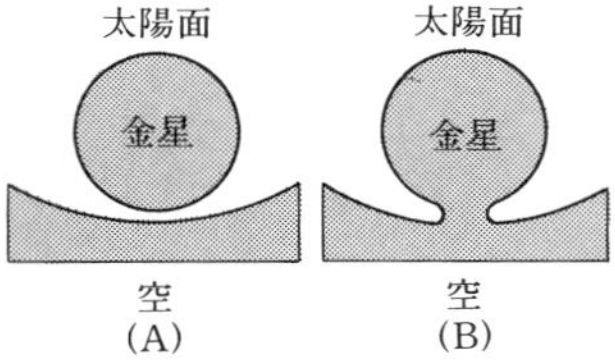

(A) 金星は太陽の円像に内接した直後，金星と空との間には太陽の細い縁が見えると考えられていた．
(B) しかるに，実際にはこのように橋がかかってしまった．この現象をブラック・ドロップという．このため，第2，第3触の正確な時刻をはかることは不可能であった．

一七六一年の観測からは、天文単位の値として、一億二八〇〇万キロメートルから一億五六八〇万キロメートルの間にあると計算された。一七六九年のものからは一億四八八〇万キロメートルと一億五五二〇万キロメートルの間にあるという結果が出された。

金星の太陽面通過の観測は、一八七四年、一八八二年にも行なわれたが、これに対しては現在は歴史的興味の方が大きくなっている。いま採用されている天文単位の値は一億四九六〇万キロメートルで、これは金星に向けて発射した電波が反射して返ってくるのを利用して求めたものである。もう太陽面通過現象から天文単位を決定するということは、おそらく行なわれないだろう。

結果が思わしくなかったが……

以上見てきたように、おそろしくたくさんの量の観測、研究、計画が、この現象につぎこまれた。あるときは戦争になやまされ、自然の猛威にさらされ、苦痛とのたたかいをしいられた人のなんと多かったことか。それでも、結果は思わしくなかったのだ。そのために費やされた時間と努力はむだだったのだろうか。結果だけから見れば、なるほどそうともいえるだろう。

けれども、これに関係した人たちには、人類の知識をひろげるために、自分の受持ちの分野でつくしたいという、大きな希望があり感動があった。このような見かたをすれば、ほぼ一世紀前(一七世紀)、セント・ヘレナ島でハリーによって打出された考えは、これほど多くの人が骨を折るに足る天文学史上にかがやく提案だといえるだろう。科学の発展はまさしくこのような道をたどっていくものなのだ。

ローウェルと火星の運河

情熱の人ローウェル

ローウェルは星好きのアマチュアだったが、かがやかしいローウェル家の伝統をやぶって、天文学の世界にとびこんだ人である。そして、火星に関する意見の、少数派の域をかたくなに最後まで守りつづけた天文家であった。しかし、彼の研究は、冥王星の発見という実を結ばせたばかりでなく、彼が建てた天文台ではじめた捜索は、近代天文学の考えに大きな影響を与えた。膨張宇宙という考えは、彼が台長であった一九一二年にはじまる星雲の分光観測が基礎になっているといえるほどである。

ローウェルは一八七六年、二一歳でハーバード大学を優秀な成績で卒業すると、大金をもって東洋に旅立ち、日本にも七年間住み、そこで日本人の生活や文化についての四冊の本を書いている。すなわち、『朝鮮――朝のおちついた国』(一八八五)、『極東の精神』(一八八八)、『能登――日本の未探検の一角』(一八九一)、『神秘の国日本』(一八九五)がそれである。

一八九三年にアメリカに帰ると、「科学は地球外の生命に関する偉大な発見をしようとしている」と大学で講義をし、それ以後、惑星、とくに火星の研究と取組む決心をしている。

ローウェルが大学を卒業した翌年、スキヤパレリが火星面に「カナリ」を発見したというので、世界の目は火星にそそがれることになった。スキヤパレリがこしらえた「カナリ」という語は、彼が火星面に見た何本かの線につけた名にすぎなかった。彼は、今日よばれているような「運河」のつもりで名づけたわけではなかったのである。

イタリア語では、自然に作られた溝、または畑のすきあとを示すものである。しかし、英語での「カナルス」は農業用水路や、航海のため作られた人工の水路のことである。当時の興奮状態のなかでは、そのことばのニュアンスのちがいを見るゆとりはなかった。

「火星に運河がある! きっと火星には人がいるにちがいない!」ローウェルのひとみはかがやいた。彼は惑星観測に必要な、よい大気の条件を第一に考え、アリゾナ州フラッグスタッフに天文台を作り、六一センチメートル屈折望遠鏡を中心に、精力的な観測をはじめた。

運河は見えるか?

運河模様は、スキヤパレリの発見以前にも、何人かの天文学者によって記録されている。たとえば、ドーズ（一七九九—一八六八）、セッキ（一八一八—一八七八）、ロッキャー（一八三六—一九二〇）、プロクター（一八三七—一八八八）なども、それらしいものを見ている。しかしスキヤパレリは、たくさんの運河を発見し、さらに一部のものが二重になっていることを確かめ、精密な火星図に発表したことから、大さわぎになったのである。

さらに一八九〇年、フランマリオン（一八四二—一九二五）が、運河は自然に作られたものではないと述べたことから、天文に関係のない人までが興味をもつようになった。

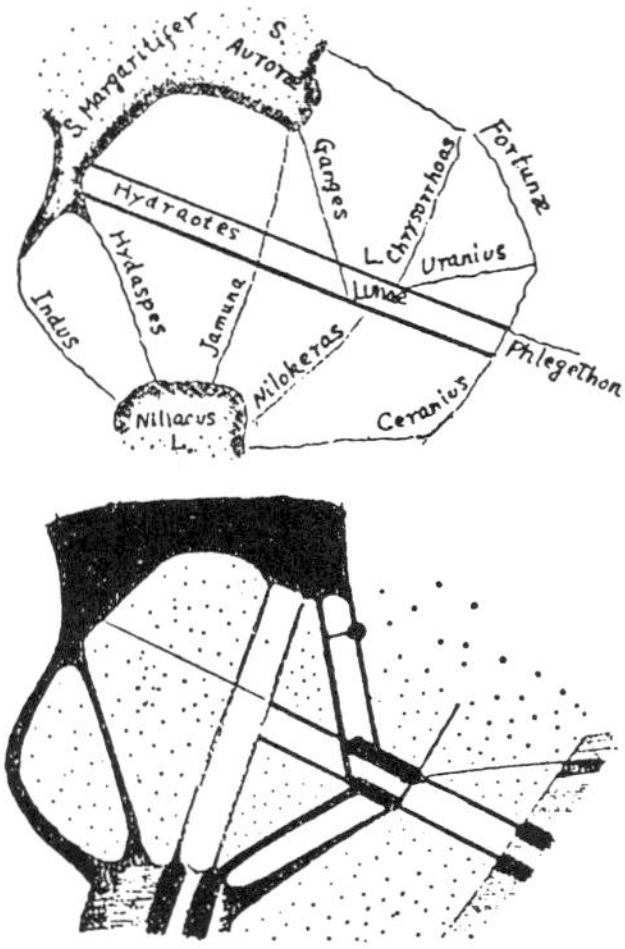

スキヤパレリの火星運河スケッチ.

それ以来、多くの天文学者が運河を確かめようとつとめてきたのである。観測になれた人なら、よい観測条件のもとでは、とまどうほどたくさんの模様を見ることができる。それにもかかわらず、たいていは線状の運河模様は見えないという。運河を見分けることのできた学者たちによれば、一定の幅をもち、幾何学的な正確さで点から点をつなぐ直線（大円の弧）であるというのだが、見た人は非常に少ないのである。

バーナード（一八五七—一九二三）は、当時世界一の一〇二センチメートル屈折望遠鏡でも見ていない。アントニアジにいたっては、運河と見たのは幻覚だときびしく決めつけ、これは斑点のつらなりにすぎないと主張した。

望遠鏡の口径がいくら大きくなっても、地上からの観測では、天体のこまかい模様を見ることのできる限度は、角度で〇・一秒程度だといわれる。〇・一秒というのは、大接近のときの火星像の二五〇分の一、火星面の距離で二〇～三〇キロメートルにあたる。しかもこんなこまかい模様が見られることは非常にまれで、たいていは、この二～三倍のものしか見わけられない。もしも運河が存在するのなら、その幅はじつに数十キロメートル以上という大きさで、地球のスエズ運河の幅七〇～一二五メートルとくらべれば、いかに大きいものかがわかる。こんなものが人間で作れるものだろうか。

運河を写真にとろうというこころみも何回かなされた。なかには、よくわかっている運河の位置に、あわいすじの写ったものが得られたが、たしかに運河だといえるようなものは得られていない。地球からの写真では、その存在を証明することは非常にむずかしいようである。

ローウェルの考え

ローウェルは何回も運河を見たので、それが実在するという信念をもった。むしろ見えないと主張する人たちが、なぜ見えないのだろうと首をかしげたものであった。彼は衝のたびにくわしい観測を行ない、四〇〇個ばかりの運河と、運河がまじわる場所にある小さい黒い点(オアシス)を約二〇〇個も記録した。そして、これはまさしく知能の高い生物が作ったものだと確信するようになった。

なぜ火星人が運河を作らねばならなかったか。それは容易に理解できる。火星には水が不足しているからである。火星は一面の砂漠である。われわれは水のありがたみを、あまり感じていない。ときどき真夏に水が足りなくて新聞にとり上げられることがあるくらいである。しかし、昔の歴史を調べると、農民が水をめぐって争ったことがあったのを知らされる。それほど生活と水とは切ってもきれない関係にあることがわかる。

火星の表面はすべてかわいた陸である。水の存在が見られるのは、孤立した状態にある極冠だとローウェルは考えた。火星人はやむをえず極冠地帯から水を引いてこなければならなかった。運河はそのために作られたのである。地球の運河とくらべると、雄大すぎる大きさの工事だが、重力が小さい(地球の三七パーセント)ので、そう苦労もしないで進められたであろう。運河が完成すると、春にはとけた極冠の水が運河に流れこみ、かわいた砂漠をうるおす。オアシスはポンプの役目をする場所かもしれない。

このような大運河が火星全面をおおっているということは、地球で見られるような国境、政治上の争い、人種差別などがないにちがいない。まさしく火星人は地球人よりも知能がすぐれている！　このように考えたのかもしれない。

いろいろの説

しかし、ローウェルの主張は受入れられず、一九三〇年代になると、運河説はこじつけであるという反対論がつよくなり、運河の存在は無視されていった。そして運河以外の理由で線状模様を説明しようという学者が出てきた。実際に線状模様を見なかった人までが――。

運河以外の説明には、つぎのようなものがある。

W・ピカリング（一八五八―一九三八）は、雨雲が砂漠を横切って動くとき、それが降らした雨のあとが線状に見えると説明し、マクローリンは一九五四年に、火星火山の噴煙が吹き流されてできた影絵だといった。トンボーは、隕石が落下したときにできた割れ目が運河で、隕石孔にあたるものがオアシスだとした。前述のピカリングは火山の活動による割れ目かもしれないといった。ダビドフは一九六〇年に、火星面をおおっている氷のさけ目だと考えた。ビューローは月にも見られるような地形構造線だとした。カイパーは火山の溶岩の流れたあとだと考えた。セーガンはせまく長い山脈だとした。

このように、いろいろな考えが出されたが、運河観測のための新しい技術は生まれなかったのである。

火星クレーターの予言

一九六五年、火星ロケット、マリナー四号は、おどろくべき情報をもたらした。そこには月とおなじようなクレーターがたくさんあったのである。火星も地質学的には死んだ世界だと思われた。そして、その表面は、三五億年以上も前に、雨のように降ってきた隕石によって穴があけられたのだと考えられた。火星面のクレーターについて主張した最初の人は、イギリスの自然科学者ウォーレス（一八二三—一九一三）のようである。彼は火星には隕石の衝突してできたクレーターがあるだろうと一九〇七年に発表している。

ところで、マリナー四号の近接写真には運河が写っていたのだろうか。これにも、写っていないという学者と、いくつか写っているという学者があるという始末である。マリナーの写真の一辺は二〇〇～三〇〇キロメートルぐらいの範囲だったから、これは運河を写すには近すぎたようだ。運河は地球上から細く見えるとはいえ、かなりの幅をもっているだろう。したがって、もっと遠くから写した写真によらなければ判定はくだせないのである。

運河は見つかったのか?

その後打ち上げられたマリナー六号、七号は、ともに四号とおなじ火星面をとらえた。もはや火星は完全に死の世界にちがいないと、誰もが思った。ところが、なんということだろう。一九七一年のマリナー九号は、前の三個のロケットとは、まさに正反対の火星面をとらえたのである。

火星には巨大な火山が吹き出し、多量の溶岩を流し出す世界があったのだ。昼にはうすい雲が浮び、夜には信じられない速さの風が砂風をまき起こしているすさまじい世界! アメリカの、その雄大さをほこるグランドキャニオンも顔負けするほどの、さけ目があるではないか! そのさけ目は四〇〇〇キロメートル、じつに火星の五分の一にわたっている。幅は一二〇キロメートル、深さは六キロメートルもあるというものすごさである。さらに四〇〇キロメートルも火星面をうねるように横切る峡谷も見つかった。しかもそれから小さな谷が枝のように分かれており、その枝からもつぎつぎに小さい谷が分かれているのだ。これは地球上の川の支流のようである。もちろん水はないが、これはまさしく天然の運河ではないだろうか。

着陸の日まで

スキヤパレリやローウェルによって火をつけられた火星の運河説は、マリナー九号の写真によって意外な方面に飛び火してしまったようである。つぎの舞台は、ロケットが火星に着陸することによって展開されることになるだろう。ソビエトの火星三号が着陸に成功しながら、すぐこわれてしまったのがなんとしても残念である。着陸が成功するまで、運河のなぞは解けないのかもしれない。

火星に生物がいるだろうか

宇宙植物学の開拓者

「火星に雄大な運河がある以上、地球人より知能のすぐれた火星人がいるにちがいない」という考えは、運河についての論争が活発になるにつれて、逆にかげをひそめていった。しかし、火星人はいなくても、なんらかの生物はいるだろうという考えは、今世紀のはじめから根づよい支持を得て今日にいたっている。

近年とくに注目されている火星の砂あらしは、あの広大な火星面をおおいかくすほどである。しかし、やがて砂あらしがやんで、暗い模様が現われはじめると、そこには砂あらしが吹きはじめる前とおなじ姿がたもたれていることに気づく。砂あらしにまけずに暗い模様を半永久的に維持できるもの——それは、たえず成長を行なう生命力をもったものではないか。しかも、あらしをさけて移動しないもの、ということを考えれば、それは植物でなければならない。こう考えた学者がたくさんあった。

なかでもソビエトのチホフ（一八七五―一九六〇）は、一九〇九年以来火星の研究につとめ、「宇宙植物学」という分野をきりひらいていった。彼は、火星にかぎらず、金星にも木星にも、さらに土星にも生物はいるのだと主張しつづけた。そのかわり、「そんなばかなことが……」という反対意見とたたかわねばならなかった。

「よし、それなら、どんな植物が火星で生きられるかを示してやろう。そうすれば反対者も理解してくれるにちがいない」そう決心したチホフは、一九四七年から本格的な研究をはじめたのである。

きびしい環境

われわれは毎日植物を見て生活している。その植物は、適当な気温のなかで呼吸をし、酸素を消費している。また光合成ということを行ない、水、二酸化炭素、太陽エネルギーから複雑な組織の化学物質を作りあげ、酸素を生み出している。そのために欠くことのできないものが葉緑素であり、これがなくては、自分のからだを成長させることはできない。葉緑素があればこそ、植物はあざやかな緑色をしているのである。

しかし、火星の世界にはきびしい条件が存在している。地球にくらべて太陽から八〇〇〇万キロメートルも遠くにあるため、冬の夜にはマイナス九五度ぐらいまで下がると考えられている。気温を調節するのに役立つ海はないし、大気も希薄なために、昼と夜の温度差が大きい。さらに大気中には気体酸素が欠乏している。水も欠乏している。そのうえ葉緑素もみとめられない。日射量も地球の四四パーセントぐらいしかない。ないないづくしの世界なのである。

こんなきびしい条件のもとで、植物が育つだろうか。チホフたちの植物生存説に対する反対意見は、このようなことをもとにしたものであった。しかし、火星世界が地球世界と環境がちがうからといって、火星には植物があるわけはないと結論をくだしてよいものだろうか。

火星の植物

寒さのことを考えてみよう。北半球の寒冷地として有名なソビエトのベルホヤンスクの近くでさえ、マイナス六〇度という寒さを耐えぬく二〇〇種以上の植物がある。実験室ではマイナス二四〇度の低い温度を長期間生きぬいた地衣類、こけ、藻があるという。

植物は酸素をうばわれると呼吸ができないことは事実だろう。しかし、気圧が地上三万メートルの場所にあたる低さのなかでも、酸素呼吸をつづける地球植物があるという。これは火星表面の気圧に相当する。さらに、それより気圧が低くても、植物は生きぬく方法を見つけるかもしれない。嫌気性呼吸ということも考えられる。つまり空気なしでも生活するだろう。また光合成によって、自分で酸素を作り出すかもしれない。それには水蒸気と二酸化炭素が必要だが、これらはマリナーによって検出されている。

植物に緑はつきものなのだろうか。地球上の植物でも緑でないものがある。秋の葉は別としても、深紅色のつる草があり、褐色のハナミズキの葉、カバの木の黄、サンザシのあずき色、さがせばたくさんある。

季節によって色が変わるのが植物の特色だという声もあるが、地球の植物がそうだからといって、火星植物にまでそれを強要するのは考えものである。

また火星植物が太陽から受ける熱量は、地球の場合の四四パーセントにしかならないから、火星植物の色は暗い色をしていることが考えられる。暗い色は明るい色よりも多くの熱量を吸収するからである。チホフは高地に育っている植物の色を注意ぶかく観察している。パミール高原は七〇〇〇メートル級の山が多く、大気はとくに乾燥しているが、そこにある植物の色は緑ではなく青いことを発見した。またこれらは、太陽の赤、オレンジ、黄、緑の光線、赤外線をも吸収して寒さとたたかっていることを知り、彼は、火星植物もこれとおなじように、太陽エネルギーをできるだけたくさんとり入れるように適合しているだろうと考えた。

最近の実験

火星にはどんな植物や微生物が住めるかを知ろうとするなら、地球上で火星表面の環境を作って実験することが、てっとりばやい方法ということになる。このようなこころみは、多くの学者によって行なわれた。ここでは最近の実験について紹介しておこう。

ストラグホールドは「火星びん」とよばれる一連の実験をはじめている。彼はガラスびんのなかに無菌の赤い砂岩を入れ、びんのなかの気圧を火星表面のそれと等しくしておいた。酸素と水蒸気はほんのすこししか入れていない。こうしておいて、いろいろな顕微鏡的微生物をふくむ、殺菌していない土を加えた。数週間後、びっくりすることが起こったのである。気体酸素を必要とする微生物がつぎつぎに死んでいくのに、酸素をほとんど、またはまったく必要としない、ある種のバクテリアや菌類は生きのこったばかりでなく、育ち、ふえていったからである。

ユニオン・カーバイト研究所のおなじような実験では、ある種の植物、微生物ばかりか、昆虫のなかにも生きのこれるもののあることがつきとめられている。とくにこの植物は、少ない酸素量、低い気圧の環境を生きぬいたあとで、きびしい環境に対する抵抗力を作りはじめたといわれる。水のないびんのなかで三か月以上も生きつづけた松があったとのことである。

さらにおどろいたことには、アカミミウミガメというカメの一種は、低い気圧のもとでみごとに生きぬいたのである。カメの血液量は、学者たちが「要注意」と考えていた量よりはるかに少なくなっても生きたという。しかも、そのなかの一ぴきは、血液がまったくなくなってしまったのに、生きのこったし、動いたといわれる。

トナカイゴケという地衣類は、地球表面にふりそそぐ紫外線の四〇〇〇倍の量をあびせられても育ちつづけ、人間にとっては致死量とされる量の一〇〇〇倍もの、もうれつなガンマ線照射に対しても、びくともしなかったという。

マリナー六、七号がもたらした火星面の状況にしたがって、カリフォルニア工科大学ジェット推進研究所の学者たちは、新しい「火星びん」の実験を行なっている。それによると「火星面に有機物質が生まれる可能性がある」とのことである。すなわち、ホルムアルデヒド、アセトアルデヒドなどが火星面に生まれているかもしれないのだ。これらは原始地球上に生命が生まれたときも大きな役割をはたしたものである。

マリナー九号による、おどろくべき火山活動の発見は、火星がちょうど、地球に生命が生まれたころのような状態とおなじ時代をむかえているという考えをもたらしたようである。この考えが正しければ、やはり火星にも生命が生まれつつあるか、あるいはすでに生まれているということになるかもしれない。もちろん、この考えに対する反対論もある。

バイキング計画

火星に生命があるかという問題は、実際に火星の土を宇宙船がもち帰るまで、結末がつかないかもしれない。アメリカは一九七六年までに、バイキング計画による宇宙船を火星に送ろうとしている。ひょっとするとソビエトもこの種の探査を行なうかもしれない。すなわち、火星の土を調べたり、地球の微生物を火星にもって行き、そのようすを調べようというわけである。いまのところ、この計画を待つよりほかはなさそうである。

しかし、このような計画に反対する運動があることも書いておこう。グリフィス天文台のカウフマンたちは「火星をけがすな!」「火星を自然のままに置け!」とよびかけている。

この複雑な状況を、チホフはどんな思いで見つめていることだろう。彼は「微生物はかならずいる」とさけびつづけながら、一九六〇年一月二五日に八五年の生涯を終えたのである。

火星人は空想の世界に

タコ人間の出現

火星が地球に接近するたびに、「火星人はほんとうにいるのですか」とか「火星人はタコみたいな形をしているんだってね」と聞かれる。ただし、その多くは大人の人からである。これは、どうもウエルズ（一八六六―一九四六）のSF小説『宇宙戦争（*The War of the Worlds*）』に登場した火星人のことを考えているようである。

ウエルズは文明評論家として有名で、とくに『世界文化史』は古典として高く評価されており、またベルヌ（一八二八―一九〇五）などとならべられるSFの先駆者の一人である。『タイム・マシン』や『透明人間』は『宇宙戦争』とともに空想と表現のゆたかな作品として、いつ読んでもたのしい。

なにはともあれ、『宇宙戦争』に書かれた火星人を紹介しておこう。訳は井上勇氏（創元SF文庫）のものを引用させていただく。

火星人は円筒状の物体に乗って地球にやってきた。まず地球人との出合いの場から——

大きな、灰色を帯びた、まんまるっこい、おそらく熊くらいの大きさのしろものが、ゆっくりと苦労しながら円筒から出てきていた。それがふくれあがって日に当たると、濡れためし皮のようにてらてらと光っていた。

ふたつの大きな黒っぽい目が、わたしをじっとながめていた。その目を囲んでいる、そのものの頭にあたる塊りは、まんまるくて、いわば顔になっていた。目の下に口があり、その唇のないふちはわなないて、あえぎ、よだれをたらしていた。そやつのからだ全体が起伏して、けいれんするように脈うっていた。細長い触手状のいわば手のひとつは、円筒のふちをつかみ、別の一本は宙をのたうっていた。

（中略）とがった上唇をした奇妙なV字型の口、眉の隆起がなく、くさびのような下唇の下に顎がなく、その口が絶え間なく震えていて、ゴルゴンの蛇の髪のように群生する触手、なれない大気のなかでの騒々しい肺の息づかい、いっそう大きな地球の重力のせいで明らかに重苦しくて骨の折れる動作——なによりもまず、そのでかい目の異常に強い輝き——そういったすべてのものが、ひと目見ただけで、いかにも活力があり、強烈で、非人間的で、ちぐはぐで、醜怪だった。そのぬめぬめした褐色の皮膚には、なにがなし菌類に似た感じがあり、ぶきようで、気ながの、のんべんだらりとした動作は、いいようもなくいやったらしかった。

このような説明を聞いたある男は、「タコ」だと思ったことも書かれている。

直径が四フィートもある、でかいまんまるい胴体――むしろ、顔――をしていて、そのそれぞれの胴体の正面に顔がついていた。顔には鼻の孔がなく――実際、火星人はなんら嗅覚を持たないらしかった。(中略)この頭または胴体といったもの――わたしにはとうていなんというべきかわからないが――の後ろには、ぴんと張った太鼓の皮のような一枚板になっていて、あとで解剖して耳だとわかったが、地球の濃密な大気のなかではほとんど役にたたなかったにちがいない。口のまわりには、十六本の細長いほとんど鞭のような触手がひと群れになって生えていて、それぞれ八本ずつのふたつの束になって並んでいた。

(中略)消化器官は、火星人には存在しなかった。彼らは頭であり――常に頭だけだった。内臓というものはまるでないのである。ものを食わないので消化の必要はなかった。事実、彼らは他の生物の新鮮な生血を摂り、それを自分の血管に〝注射〟するのである。

タコ人間の根拠

なぜ、ウエルズは火星人がタコのようなすがたをしていると考えたのだろうか。

このSFは一八九八年に書かれた。そのころ、惑星は、どろどろにとけたかたまりが冷えてかたまったものだと考えられていた。もちろん火星は地球よりも小さいので、より早くひえただろうし、太陽からも遠いので、惑星としてかたまったのは地球よりもうんと早かったといえる。したがって、生命、生物の発生も地球より早く、いま住んでいると考えられる火星人は地球人よりも知能がはるかにすぐれているだろう。

われわれは、脳が大きい人ほど頭がいい、ということをよく聞かされる（これが正しいかどうかについては、ここではふれないことにする）。とすれば、火星人は、おそらく大きな頭脳をもっているにちがいない。

地球人は大きな胴体をもっており、そのなかに、たくさんの腺、管、臓器をおさめている。これらは主として食物を血液に変える仕事をしている。しかし、病気になったときは注射だけで栄養をおぎなうことがある。味覚や満腹感というものを考えないなら、注射だけで人間は生活できるかもしれない。火星人は食料の合理化をはかり、そのような消化器官を休ませてしまい、消化に必要なエネルギーをへらしていったと思われる。その結果、消化器は退化したのである。手も足も小さくてすむ——これは、火星の重力が地球の三八パーセント、したがって地球での体重が六〇キログラムの人は火星では二三キログラムにしかならず、物体にはたらく重力の加速度も、地球の 980 cm/s² に対して 372 cm/s² と小さくなるため、行動は非常にらくになるからだ。しかも胴体のない、頭だけの火星人のことだから、手足は細長いむちのような形でも十分というわけである。

われわれの目（正しくはひとみ）は、夜になると大きくなる。暗いところで物を見ようとするためである。火星世界は地球よりも暗いだろう。したがって、大きな黒い目をぎょろぎょろさせるというわけである。

ウエルズのタコ人間は、このような考えのもとに作り出されたのであった。

火星人との通信

一九〇〇年一二月一七日、フランス学士院はピエール・グッツマン賞というものを制定した。グッツマン未亡人が「火星以外の天体と連絡をつけることに成功した人に賞を与える」ということで、一〇万フランを寄付したのである。このときフランマリオンは「どうして火星を除外するのか」と不満の意見を述べたが、「火星には火星人がいるから、連絡がつくのはあたりまえ」といわれて、しぶしぶその申出にしたがったとのことである。しかし、他の惑星人との連絡に成功する人は出そうもないので（当然！）、この賞は天文学のために力をつくした人に与えられることになった。

一九二八年一〇月二四日、ロンドン中央郵便局は、ロビンソン博士の要求により、火星に向けて電波を送った。午前二時一五分と二時三〇分の二回、一八五〇〇メートルの波長で、「地球から火星への愛をおくる」ということばを発射したのである。博士は、火星から返事が来るだろうと期待して、二時一五分から五時まで受信態勢に入った。けれども返事はやってこなかったのである。博士はそれでもこういった。「電波はたしかに火星に着いたはずだ。返事が来なかったのは、火星の美人オーマルル嬢が信号を出しそこなったためだ！」

これは一九二八年一二月の火星接近に際しての、ユーモラスなエピソードである。

火星人襲来！

一九三八年一〇月三〇日午後八時きっかり（アメリカ東部標準時）ＣＢＳラジオ放送は「オーソン・ウエルズとマーキュリー放送劇場」の番組で、ウエルズの『宇宙戦争』の放送をはじめた。放送では舞台を原作のイギリスからアメリカに移し、実況中継のかたちで進められていった。日曜日の夜、ラジオの前でくつろいでいた人たちは、火星人がアメリカ侵略にやってきたと勘ちがいしてしまった。勘ちがいは興奮に変わり、そして恐怖へと……。

アメリカ中が大さわぎとなった。番組の途中四回も「これはドラマです」とくりかえしたにもかかわらず、さわぎはしだいに大きくなっていった。このさわぎは数時間で終わったものの、アメリカのかなり多くの人が、世界の終わりがやってきたと考えたのである。

これとおなじような混乱が、一九四九年、エクアドルのキトーでも起きている。それほど火星人の存在は、当時の人の頭のかたすみに焼きつけられていたのだろう。

火星人は空想の世界に

最近の研究は、火星世界のなぞを、少しずつ解いていきつつある。マリナーやソビエト火星船の探査によって、目を見張るような事実がわかるとともに、さらにいっそう複雑ななぞがかけられている。けれども、火星人がいないということは、もう議論するまでもないことだ。したがって、火星人についての話はもはやむだである。これ以上書くのはよそう。

そうはいっても、科学を離れた場合、さまざまな火星人を空想することはたのしいことだ。もう十年以上も前になるが、「ディズニーランド」というテレビ番組が放送されていて、そのなかに「火星のかなたへ」というのがあり、考えられるすべての、いろいろな形の火星生物が登場した。科学的に考えたとき、いろいろおかしな点があったが、腹をかかえて笑いながら見たことを思い出す。もう一度、いや何回でも再放送してほしいと思う。

火星の衛星フォボスのなぞ

スイフトの予言

火星には二個の衛星が知られている。フォボスとダイモスである。いずれも一八七七年八月の火星大接近のとき、ホール（一八二九―一九〇七）によって発見された。しかし、その一五〇年も前に、スイフト（一六六七―一七四五）は『ガリバー旅行記』のなかで、火星には二個の衛星があることを書いている。しかも、内側の衛星は火星の中心から、その直径の三倍のところにあり、外側の衛星は五倍のところにあること、また前者は一〇時間、後者は二一・五時間で火星のまわりを公転していると書いている。さらに、周期の二乗は火星中心からの距離の三乗に近く、他の惑星に適用される引力の法則にかなっているとも述べた。このことは多くの書物に引用されて、スイフトの予言だとしてたたえられることが多い。

ここで少しスイフトの予言について検討してみよう。二つの衛星の距離を惑星の直径の三倍、五倍という値としたのはなぜだろうか。木星の衛星イオが木星の直径の三倍、ユーロパが四・八倍のところにあること、土星の衛星テチスが二・五倍、ディオーネが三・二倍、レアが四・五倍の距離にあることから連想したのではなかったか。そして、この距離にケプラーの法則を適用して公転周期を計算したものであろう。

衛星の個数についてはどうだろう。当時知られていた衛星の個数は、地球一、木星四、土星五であった。火星に衛星がないのは、いかにも不自然に思えたであろう。ケプラーはガリレオへの手紙のなかで、「衛星の個数の間には比例関係があると思うので、木星に四個の衛星があるなら、火星には二個、土星には六個または八個、そしてたぶん水星と金星のまわりには各一個存在していると考えられる」と書いた。ケプラーはこの考えから、のちにガリレオの土星に関する発見を表わす暗号文を誤って解読し、ガリレオが火星の衛星を二個発見したと早合点することになる(『おはなし天文学2』参照)。したがって、火星に二個の衛星があるかもしれないという考えは、スイフトも知っていたであろう。だから、スイフトの予言は、それほど価値はないと思う。

それにしても、火星に月がないということは、多くの天文学者にとっては奇妙なことだったにちがいない。

妻にはげまされて

ホールは、なんとかして見つけてやろうと考えた。彼は当時最大だった六五センチメートル屈折望遠鏡の係をしていたことも都合がよかった。彼は一八七七年九月の火星大接近を心待ちにしていたのである。「さがさなければ発見はできないものだ」と心に誓っていた。

八月一一日、いつものように土星の観測を行なったのち、火星に望遠鏡を向けた。だが、じゃまになる火星のかがやきを弱める工夫をしたのに、衛星らしいものは見えない。やはりだめか！　気落ちしたホールは、これ以上の捜索はむだだと思い家路についた。家では夫人が寝ずに待っていて、いつものようにコーヒーとサンドイッチを食卓にならべた。だが、その夜ばかりは、ホールの顔がさえなかった。夫人は彼から話を聞くと、「気落ちしちゃいけませんわ。もう一度やってみたら」と激励した（と想像する）。「そうしよう」彼は気をとりなおして、深夜にもかかわらず天文台へ引返したのである。

衛星発見！

「火星に対してシーイング良好。暗い星火星の近くにあり」

これが当夜の観測日誌である。この暗い星こそ、のちにダイモスと名づけられた衛星であった。

明け方に発生するワシントンのポトマック川からのもやにさまたげられながらも、彼はその星の位置を測定したのである。

しばらく曇りがつづき、やっと晴れた一五日はシーイングが悪く、つぎの観測ができたのは一六日であった。「暗い星」がはっきり見えた。一時間の観測で正確な位置を測定したが、この星は火星といっしょに動いていることがわかり、恒星でないことがわかった。だが恒星でないということは、ただちにこの星が衛星だということにはならない。なぜなら、小惑星もまた移動するからだ。彼は、これが小惑星であるかどうかを調べなければならないと思った。確信できるまで、発表はしないというのが彼の考えだったからである。

翌一七日も望遠鏡を火星へ向けた。だが、昨夜見た星は火星のそばには見えなかったのだ。そのかわり、別の一個が火星のそばで光っていた。「どうしたことだろう」とホールは首をかしげたのである。「ひょっとしたら、この星も衛星なのだろうか」

午前四時、昨夜見た星はついに顔を見せた。それまで火星にかくされていたのだ。たしかにこれは衛星だと思われた。彼は、この二個の星に「火星の星」と名づけることにした。

一七日、天文台のドームのなかには、トッド（一八五五―一九三九）、ニューカム（一八三五―一九〇九）、ハークネス（一八三七―一九〇八）という有名な天文学者たちが集まった。そして二個の「火星の星」の位置測定が慎重に行なわれた。

「像は悪い。九時四〇分。しかし衛星はすぐ見えた」とホールは書いた。

「シーイングはまったく悪い、それでも苦労せず伴星は見つかった。火星のかがやきは明るいが、それにもかかわらず惑星の後光のなかに見えた」とトッドは書いた。いずれも観測日誌の記述である。

「火星の星」は、「火星の衛星」となった。発見を告げる電報は八月一八日朝ハーバード天文台へ打たれた。早速世界中で観測がなされ、ついに確認されたのである。

ところが、これらの確認のために観測の間に、ちょっとしたさわぎが起こった。八月二六日にドレーパー（一八三七―一八八二）とホールデン（一八四六―一九一四）は火星の第三衛星を、さらに九月二四日にはホールデンが第四衛星を発見したというのである。しかしこれらは間もなく否定されて、一時的な興奮はおさまった。

フォボスのなぞ

さて、この二個の衛星には、発見以来まだ解決されていないなぞがあり、とくにフォボスについては不可解な現象が問題になっている。フォボスは、火星が一回自転する間に三回も公転するので、火星から見ると、フォボスは西から昇り東に没することになる。ここで問題なのは、惑星よりも衛星の方が大きな角速度をもっているということで、現在知られている天然衛星のなかで、このような衛星はフォボスしかないのである。

一八七七年の発見前にも、衛星さがしが行なわれたが、いずれも失敗したのはなぜだろうかという疑問も出された。それにフォボスもダイモスも、火星にくらべて非常に小さいことも問題になった。光度は一一・五等、一二・五等だから、これから推定される直径は一六キロメートル、八キロメートルという小さいものだからだ。そこで、これらは火星にとらえられた小惑星ではないかという考えが生まれた。さらに、とらえられたのは一八六二年と一八七七年の間だろうという説まで出された。

フォボスもダイモスも軌道はほとんど火星の赤道面上にあるが、衛星が一個だけだったら、このような現象が起きるのは偶然の一致といえないこともないが、二個ともこのようなぐあいに火星にとらえられたとは、あまりにも偶然すぎるようである。ニューカムは「一八六二年には強力な望遠鏡が世界中に二、三基しかなかった。一八七五年の衝は距離的には条件がよかったが、北半球では火星は地平線に近くて、暗い衛星は発見にはつごうが悪かった。だから発見できなかったのだ」といっている。

ニューカムの言葉は、小惑星の捕獲説を間接的に否定しているようにも読みとれる。しかし、なぞはいぜんとして残っている。

シャープレスの発見

一九四五年、シャープレスは自分の行なったフォボスの観測を整理していて、約半世紀にわたってG・O・H・ストルーフェ（一八八六―一九三三）が行なった非常に正確な観測との間に誤差があることに気づいた。すなわち、フォボスの運動が速くなっていたのである。その値は大きくはないが、五〇年間には火星のまわりを五万七〇〇〇回も公転するために、一公転あたり〇・〇一秒というわずかな差が、つもりつもって観測にひっかかったわけである。いいかえれば、火星の引力のみの作用のもとに運動していると仮定して計算された道すじよりも、だんだん落下して、速い速度で運動していることが発見されたのである。

ただちに原因の追究がはじまった。しかし現在は、火星について、形、重力場、大気の密度やひろがり、磁気などに関して十分な資料は得られていないし、さらにこまったことには、フォボスやダイモスに関する信頼できるデータすらない。それゆえ、フォボスのふしぎな運動を追究するには、どうしてもある種の仮説を基礎にして計算しなければならず、この点ではっきりした理由をつきとめることはむずかしいようである。

潮汐力では説明できない

ここで地球と月の関係を考えてみよう。地球が高速で自転するために、潮汐力による地球の隆起は自転方向に引っぱられて、月 - 地球の線上からずれてしまう。これらの隆起が月に引っぱられるため地球の自転がおそくなり、一方、月は地球からだんだん遠くはなれてゆき、公転速度をおそくさせる。

火星の場合、フォボスは火星の自転速度よりも速く公転しているので、地球の場合とは逆に火星の自転は速くなり、フォボスは火星に近づいていくのではないか、と考えるのは当然だろう。しかし、この理由では、フォボスの運動を説明できないことをシクロフスキーが示している。

火星の月は人工衛星か

衛星がある媒質（たとえば火星の大気、惑星間のガスや塵状の雲）のなかを通って公転すれば、運動はブレーキをかけられておそくなる。その結果、衛星は火星に近づき、こんどは火星の引力によって運動は速くなることも考えられる。だが、媒質説によってもフォボスの運動は説明できないという結果をシクロフスキーは得ている。

そこでシクロフスキーは考えた。もしフォボスの密度がいま考えているのよりはるかに小さかったら、火星の大気が希薄でも、その抵抗によってフォボスは加速されうる――それには、フォボスの密度は 0.001 g/cm^3 であればよい！　そのときは、フォボスが中空の球体でなければならない。

中がカラッポの天体ということになると、フォボスは天然衛星であり得ないことになる。シクロフスキーは、ここでとっぴなアイデアを出した。フォボスは約五億年前に火星人が打上げた人工衛星だというのである。

この仮説は、発表と同時に大反響を受けたことはいうまでもない。当の本人が一つのアイデアといっているように、誰一人として支持する学者はいないが、この仮説はフォボスのなぞの解明に多くの天文学者が取組むという結果を生んだ。

一九六三年、シリングはある火星大気のモデルを考え、それをもとにして研究した結果、フォボスは中空衛星でなくても、加速現象を説明できることを示している。シリングはまた、長い間のフォボスの運動における加速度の変化と太陽黒点の数の変化を比較して、両者の間にかなりの相関がみとめられるともいっているので、興味がわく。

ところが、フォボスの加速を発見したシャープレスの計算方法に誤りがあるという意見が出されているのだから、いよいよフォボスのなぞは深まってきたのである。

なぞのジャガイモ衛星

そこへ、おどろくべき情報がもたらされたからたいへんなことになった。一九七一年に火星に到達したマリナー九号は、フォボスとダイモスの写真を送ってきた。

その写真を見せられた世界中の天文家たちは、複雑な表情をかくすことはできなかった。どちらの衛星も球体ではなく、ジャガイモのようないびつな形をしていたし、クレーターさえあるではないか。

フォボスのすがたからかつてニューカムによって間接的に否定された小惑星が火星にとらえられたという仮説が、またもや頭をもち上げてきたようである。

フォボスのなぞは、マリナーの発見によって、さらに難解の度を増すことになった。

付　録

望遠鏡の発明者は誰？

色消しレンズ発明の舞台裏

望遠鏡の発明者は誰?

はじめはオモチャだった　遠くの物体が、ま近に接近しているかのように見ることのできる筒——ガリレオが科学の道具に利用するまでは、これは単なるオモチャにすぎなかったのである。このオモチャを、オランダ人は「見えるガラス」とよび、普及させたフランス人は「大きく見える器械」、イギリス人は「スパイグラス」と名づけ、イタリア人は「めがね」とおなじ名でよんだ。ガリレオは論文のなかでは「ペルスピキュラム」というラテン語で書いている。

現在の望遠鏡、すなわち「テレスコープ」という名は、一六一一年四月一四日の夜に生れたものである。この夜、リンチェイ学士院による宴会がひらかれ、これにガリレオも出席したが、この席上で数学者デミシアニが「遠くを見る」というギリシャ語をもじって、「テレスコピオ」という名を提案し、採択されたものであった。

レンズ磨きリッペルスハイ　望遠鏡が、発明地オランダから外国に伝わった最初の国はフランスだといわれる。オランダ政府が、フランスのアンリ四世（在位一五八九―一六一〇）におくったものだという。当時フランス貴族たちの間には、王のもっている物を複製して所持するという流行があったらしく、ただちにおびただしい注文が、その望遠鏡を作ったオランダ人の店に殺到したのである。

店主の名はハンス・リッペルスハイという。オランダの港町ミッデルブルグに住む彼は、たちまち有名になってしまった。彼は一五七〇年ごろ、ドイツのベーツェル（現在の西ドイツ北西部ルール地方）に生まれ、一六〇〇年ちょっと前にオランダに移り、望遠鏡で名をあげたのち、一六一九年ごろこの世を去っている。

彼が望遠鏡を発明したいきさつを、バーバラ・ランド著『望遠鏡を作った人たち』から紹介してみよう。

彼は二枚のレンズをとり出し、キズを調べるために光を当ててみた。このレンズは、一枚は平凸、一枚は平凹レンズであった。なにげなく彼は凸レンズを凹レンズの前にして同時にのぞいてみた。彼は驚きのあまり、もったレンズをあやうく落とすところであった。遠くの教会の塔が飛びこんでくるように思えたし、「風見」さえもはっきり見えるではないか。ふとアイデアが浮んだ。彼は板の上にレンズをすえつけ、これらのレンズは前後に動かして焦点調整ができるようにした。そして、めがねを注文にくる客には、レンズを通して教会の塔を見せるようにした。客はいずれもおどろき、友人に語った。口から口へ——彼は町中でいちばん人気のあるめがね屋になった。そのうちに彼は中空の筒の両端にいろいろの組合せのレンズを取りつけ、手にもってながめられるようにした。

これは作り話かもしれないが、おそらくこのような経過をたどって望遠鏡は発明されたのだろう。

特許はもらえなかった! 一六〇八年一〇月二日、彼はナッソーのマウリッツ(一五六七—一六二五)に望遠鏡をおくった。この皇太子は、スペインからの独立戦争を指導した人である。よほどこの発明がうれしかったのだろう。それと同時にリッペルスハイは、望遠鏡製造の独占権を三〇年間得ること、または政府から年金を得る権利を要求したのである。しかし、四日後に受取った回答は、彼の夢を打ちくだいてしまった。「あまりにも多くの人がこの発明を知っている」というのが理由であった。

そのころ、おなじ町でやはりめがね屋を開いていたヤンセン(一五八〇—一六二八〔三八?〕)

が、一六〇四年ごろにすでに望遠鏡を作っていたといううわさがあり、一六〇八年九月には、フランクフルト博覧会でおなじような器械を売っていたという旅行者の話もあった。だから、一〇月一七日に、もう一人のオランダの研磨工メチウス（一五七一——一六三五）も、「見える筒」について特許を申請したが、これもおなじ理由で却下されてしまったのである。

それでは、いったい、誰がほんとうの発明者なのだろうか。

いろいろな説　ロジャー・ベーコン（一二一四頃—一二九四）というイギリスの哲学者を、発明者だとする有力な説があった。これについてはあとでくわしく述べることにして、他の説をいくつか紹介しておこう。

イタリアで発明されたという説がある。たしかにめがねはイタリアで一三〇〇年の少し前に作られている。一二九九年という年号が書かれているイタリアの写本には、「視力が衰えた老人のために、最近めがねが発明された」という文章があるというし、フィレンツェのある教会にのこっている一三一七年という年号がある墓碑に「アルマチをめがねの発明者」としてあるという。したがって、イタリアではかなり古くからレンズ作りの技術が進んでいたことと思われる。イタリアで望遠鏡が発明される可能性は十分にあったといえるだろう。

オランダの百科事典には「リッペルスハイはヤンセンのアイデアをぬすんだ」とあり、さらに

「ヤンセンは一六〇四年に望遠鏡を作っているが、これは同時代のイタリア人ポルタ（一五三八〔四〇?〕—一六一五）のアイデアを借りたもの」と書いてあるとか。ポルタは暗箱の発明者として有名であるが、彼の著『自然的魔術』（一五八九）には、「凹凸レンズをうまく組合せれば、遠方の物体もすぐ近くの物体も拡大されて見えることになるだろう」という文章が見られるだけで、どうも望遠鏡の発明者とは考えにくい。

もう一人、フォンタナ（一五四三—一六〇七）が発明者であるという説もあるが、問題にされていない。

イギリスでは一五七一年にブリストルのディッゲス（?—一五七一頃）という測量技師が発明したという説があるが、これもアイデアの段階で終わっているもののようである。

ドイツの天文学者マリウス（一五七〇—一六二四）にも発明説がある。彼はガリレオよりも前に木星の衛星を望遠鏡で観測した人で、アンドロメダ星雲を最初に観測したことでも有名であるが、発明についてははっきりしていない。

以上いろいろの名前が出てきたが、一六五五年にハーグで出版された『望遠鏡の真の発明者』という本では、リッペルスハイを発明者にしている。

双眼鏡の発明　前述した皇太子マウリッツは、おくられた望遠鏡をほめるとともに、片目でなく両目で使えるようにした方がよいという意見を出した。このすすめによって、リッペルスハイは、ただちに世界最初の双眼鏡を作り、この方は一六〇八年一二月に特許を得ることができたのである。政府は一二月一三日に三個の発注を行ない、発明者に九〇〇グルデン（当時の金貨）を支払った。

望遠鏡の普及　リッペルスハイの発明はすぐヨーロッパにひろまり、一六〇八年には早くもドイツで販売され、翌年にはパリで複製品が売られた。そして、フランス語でつぎのような文章の書かれたパンフレットがつけられていたという。「肉眼では見えない小さい星を見るために使えるかもしれない」——すばらしい思いつきである。

しかし、買主たちはそんなことには目もくれず、軍人は遠距離の敵軍を見つけるのに便利だと考え、船長は遠い島を見るのに使い、そしてフランス貴族は、馬車でドライブする美しい女の人をながめて喜び合ったのである。

ある貴族の手紙　そのなかでただ一人、科学的に使用することを考えたフランスの貴族がいた。その人はバドブルといい、一六〇九年の夏、彼が昔数学を教わったイタリアのガリレオ先生にあてて、そのことを手紙に書いた。この手紙こそが、今日の天文学発展のきっかけを作ったのである。

驚異博士ベーコン　いろいろ書いてきたが、どうもほんとうの発明者ははっきりしない。しかし、このことはちょっとおあずけにして、ロジャー・ベーコンのことを、どうしてもここで書いておかねばならない。彼も望遠鏡の発明者だという強力な説が、今世紀のはじめごろまではあったのだから。

ベーコンはどんな人だったのだろうか。

「驚異博士」とよばれた彼は、一二一四年ごろイギリスに生まれ、オックスフォード大学とパリ大学に学び、のちにオックスフォードの教授となった。

そこで光学、錬金術、天文学を研究したのだが、一二五七年に突然フランシスコ会の僧職になってしまい、せっかくの研究をすててしまった。ベーコンは、科学研究には経験、実験、証明がだいじだと主張し、アリストテレスの学説にしがみつく当時の学者や僧侶を批判しつづけたため、投獄のうきめにあっている。

彼は僧職についてからも「実験科学」の必要を訴え、旧友の法王クレメント四世（?—一二六八）に、一二六七年に完成した論文をおくった。この論文は『大著作』とよばれるものであるが、おしいことに法王は一二六八年に死去してしまい、彼の意を十分にくみとってもらえなかった。

彼の考えは、その時代にとってはあまりにも革新的であったため、なに一つ実を結ばせることはできなかったのである。

一二七八年にパリでふたたび投獄され、そこで暗い一〇年間をすごさなければならないという受難の連続であった。したがって、彼の晩年については、あまりに知られていない。死んだ年にしても、一二九二年とも一二九四年ともいわれる。彼のすぐれた才能は、当時の暴政によって押しつぶされてしまったのであった。

すばらしい予言　ベーコンは『大著作』ほか数冊の本をのこしているが、それらには、すばらしい予言があふれている。たとえば、人間がこがなくても動く船、馬を使わなくても速く走る車、さらに飛行機さえも予言した。

「アジアははるか東の方へひろがっているから、ヨーロッパとの間の海はそうひろくはない」という意見もとなえている。この意見を引用した本を読んで、アジアへの航海を思いたち、アジアならぬアメリカ大陸（じつは西インド諸島だが）を発見したのがコロンブス（一四五一―一五〇六）である。

ベーコンの光学　彼は放物鏡の反射や球面鏡の焦点について研究し、レンズのはたらきを調べるために、目を解剖したりした。それまで悪魔のしわざとされていた蜃気楼の原因を、自然現象であると説明したのは彼がはじめてであり、虹の説明もした。また光は瞬間的に伝わるものではなく、音より速い速度をもっていると述べている。

月や太陽の直径を測定する器械についても述べており、太陽は地球の一七〇倍の大きさだとしている。銀河は星の集まりであるということも主張した。

さて問題は、彼が著作のなかで、「レンズや鏡を適当に組合せると、遠い小さい物体を近く大きく見えるようにできる」と述べていることである。これがベーコン発明説の根拠となっているのだが、実験科学をとなえた彼の著作に、どういうわけか、望遠鏡の製作、試験、原理についての記述が見当たらない。

それどころか、ベーコンはめがねの使用すら知っていなかったはずで、多くの学者の意見は、ベーコンは望遠鏡を作らなかったということになっている。

ベーコンの古文書　ところが今世紀のはじめ、ベーコン発明説を裏づける古文書が発見されたので、話はややこしくなった。一九一二年、イタリアの有名な古書店ボイニッチで、一組の古文書が見つかった。それは一一六葉の皮紙と数枚の巻物からなり、それといっしょに一通の手紙が出てきた。

その手紙はラテン語で書かれ、チェック（スラブ民族の一派）の学者からルドルフ二世（一五五二―一六一二）にあてたものである。ルドルフ二世は、チコ・ブラーエやケプラーを援助した王として、天文学史上にも名をのこした人である。その手紙にはこう書かれてあった。

「この古文書はロジャー・ベーコンの書いたものである」

しかし、かんじんの古文書は暗号で書かれてあり、これを解読してみなければ、はたしてベーコンのものかはっきりしない。

興味をもった店主は、さっそく何人かの学者にたのんで、暗号文を読んでもらおうとした。けれどもそうかんたんになぞが解けるものではない。一部解読成功のしらせを受取ったのは九年ものちのことであった。

暗号は解読された　なぞを解いたのはペンシルバニア大学のニューボルドという人で、彼はそのことを一九二一年四月に発表したのである。

「この古文書はたしかにベーコンによるもので、顕微鏡と望遠鏡に関する発見をひそかに記録したもの」というのが、発表の内容であった。これはベーコン発明説の有力な根拠となったのである。

ニューボルドは、さらにのこりの部分の解読をつづけ、これらの古文書のなかには、一二七四年の彗星や一二九〇年の金環食の記述がふくまれていることを明らかにした。

さらにおどろいたことには「凹面鏡を使って私はペガサスのへそ、アンドロメダの腰帯、カシオペアの頭の間に光る、うず巻き形の星のならびを見た」という挿入文が判読できたというのである。もし、これがほんとうなら、ベーコンはアンドロメダ大星雲を星に分解し得たということになるだろう。けれども、この星雲のうず巻き構造は、現在の大望遠鏡をもってしても、肉眼ではとらえられていないはずである。したがって、この暗号解読法は、どうやらあやしくなってきたのである。

ベーコン説くずれる　このニューボルドの解読に疑問をもった人が現われた。シカゴ大学のマンリイである。彼は、第一次世界大戦で活躍したアメリカ陸軍の暗号解読家で、その技術をひっさげて古文書のなぞと取組んだのである。その方法はとても複雑で、ここには紹介できないが、結論として「ニューボルドの主張はまちがいであり、この古文書はベーコンの時代に書かれたものではない」ということを、詳細な解読例をあげて発表した。一九三一年のことである。

暗号解読という近代的な手法までくり出したすえ、ベーコン発明説はついに打消されてしまった。一三世紀には望遠鏡は存在しなかったのである。

さて、誰が？　「悪魔は、イエスを非常に高い山に連れて行き、この世のすべての国ぐにとその栄華とを見せて……」（マタイ伝第四章八）という聖書の文句から、悪魔が発明したとさえいい伝えられたことのあった望遠鏡の、ほんとうの発明者は、多くの学者の、長年にわたる研究をへて、有力なベーコン説がくずれたいま、オランダのリッペルスハイだというのが、いちおうの通説となっている。

色消しレンズ発明の舞台裏

ニュートンの考え　ニュートンの時代、屈折望遠鏡にもちいられたレンズには二つの難点があった。一つは平行に入ってくる光が一つの点に集まらない（球面収差）ことであり、もう一つは、像のまわりに色の縁が現われる（色収差）ことであった。

このうち、色収差の方は対物レンズの代わりに凹面鏡をもちいればとりのぞけるので、ニュートンは高質な天体観測には反射の原理によるものがよいと考え、一六六八年にはじめて反射望遠鏡を作った。

もっとも、反射望遠鏡の考えは、すでに一六一六年ツッキ（一五八六―一六七〇）によって実験が行なわれており、彼を発明者だとする人もある。このほかJ・グレゴリー（一六三八―一六七五）は、一六六三年に、製作はしなかったものの、反射望遠鏡を提案しているという。ニュートンはなぜ屈折式をすてて反射式に走ったのだろうか?

スネルの法則というのがある。スネル(一五九一—一六二六)は「同一媒質については入射角と反射角余割(三角関数におけるコセカント)の割合は一定」という法則を発見した。現在は「入射角(i)と屈折角(r)の正弦(サイン)の比は一定」、つまり

$$\sin i / \sin r = n$$

と表わされているが、おなじことである。現在の表わし方になったのは、デカルト(一五九六—一六五〇)が一六三七年に示してからである。

ニュートンの時代、この法則を実験で確かめることが要求されていた。彼はこの問題と取組んでいるうちに、「色収差は屈折があるかぎりとりのぞけない」ということを確信するようになったのであった。

色収差は防げるはずだ　しかし、この考えに疑問をもつ人が出てきた。オイラー(一七〇七—一七八三)もその一人である。「人間の目の網膜の上に生じた像はどうして色収差をもたないのだろう」という疑問から研究を進めた。
目は角膜物質、水晶体、ガラス体からなっており、それぞれ屈折度がちがっていることに目をつけ、ガラスのほかのちがった物質を組合せることで色の分散がのぞけるはずだと考えた。一七

四七年のことである。

彼の案は、対物レンズとして、ガラスと水を組合せたら、というものであった。オイラーは実際には色消しレンズを作ることには失敗した。これは工作が非常にむずかしかったからだと彼は考えている。このほかＤ・グレゴリー（一六六一―一七〇八、反射望遠鏡を提案したグレゴリーの甥にあたる）も一六九〇年にこれとおなじようなことを主張しているという。

オイラーの主張はスエーデンのクリンジェンスティエルナ（一六九八―一七六五）に注目された。彼はそのころ、色消しに関するニュートンの実験を再現していたが、ニュートンとはくいちがった結果が出るばかりで苦労していたのである。

フェルナーの情報　話をちょっと中断して、ここでどうしても一人の天文学者を登場させねばならない。スエーデンのフェルナー（一七二四―一八〇二）は、一七五八年から一七六三年の間、ヨーロッパ各地を回り、すぐれた天文学者たちと親しくつき合いをかさねていた。さらに、器械製造者として有名なショートやＪ・ドランド（一七〇六―一七六一）ともなかよくなった。

また母国から派遣されてくる若い天文学者たちの世話をしたり、器械についての情報を与えたりしていた。のちにはフランスやオランダとドランドとの間をとりもったりするようになった。いわば今日でいう科学ジャーナリストとしての役割を演じ、たくさんの科学者たちの発明、考案を、いろいろな方面に紹介した。産業スパイともとられるようなことまでやったといわれている。

ドランドの成功

話をもとにもどそう。フェルナーは、ニュートンの考えをくつがえすような研究にうちこんでいるクリンジェンスティエルナを尊敬していた。

そのころ、ドランドもまたニュートンの「色消しは不可能」という考えに興味をもち、独自に実験をつづけていた。しかし、途中でニュートンの考えに、なにかおかしな点があると考えるようになった。そのときクリンジェンスティエルナの論文を知ったのである。

これは一七五四年にスエーデン王立科学アカデミーの雑誌に発表されたもので、ニュートンの考えが誤りであることを幾何学方法によって明らかにしたものであった。ドランドの目の前は急に明るくなった。彼はさっそくクリンジェンスティエルナを尊敬していたフェルナーに相談をもちかけた。

ドランドはフェルナーを通じて、クリンジェンスティエルナの研究情報を手に入れながら、独自の実験を進めていった。

そして種類の異なるガラスを調べて、平均屈折角の正弦に対する入射角の正弦の比が、クラウン・ガラスで一・三五、フリント・ガラスでは一・五八だということを知り、フリント・ガラスの凸レンズと、クラウン・ガラスの凹レンズを組合せることによって、色消しは可能にちがいないと考えるようになった。けれども、このレンズを実際に作り上げるまでには、長い忍耐の時間が必要だった。

一七五八年、ついに完成した。彼はイギリス王立協会に色消し望遠鏡を寄贈したのであった。

一七六〇年四月一〇日、彼が開いた私的な夕食会には、たくさんの友人が集った。なかには著名な天文学者もいた。その席上、フェルナーはドランドの発明をたたえた。けれども、出席した人たちは、これという反応を示さなかった。フェルナーはそのことが「ふしぎでたまらなかった」と日記に書いている。

ドランドの成功が偉大なものだということを、誰よりもフェルナーは知っていた。彼は各方面に、とりわけフランスに対して、そのすぐれた発明を精力的に紹介しつづけたのである。ドランドもまた色消し望遠鏡をつぎつぎに発表していった。その結果、ようやくドランドの発明が知られるようになってきた。ドランドはコプレイ・メダルをもらい、一七六一年にはイギリス王立協会の会員にえらばれたのであった。

ホールのクレーム　ドランドの望遠鏡が有名になると、一人の男が名乗り出てきた。その人の名はホール（一七〇三―一七七一、火星の衛星を発見したホールとは別人）で、彼は一七三三年に色消しレンズを発明していたのだと主張し、特許権をみとめてほしいと訴え出た。

彼は自分の発明を公表してはいなかったし、ドランドはホールのことなど知ってはいなかった。裁判最後の日、色消しレンズの発明者は、ドランドではなくホールであることをみとめられた。

しかし、裁判長はつぎのようにおごそかに宣告をしたのである。

「このようなすぐれた発明で恩恵を受ける者は、その発明書類をカバンのなかにしまっておく人でなく、人間社会の幸福のために、カバンのなかから取出して、みんなに見えるところへ置いた人である」

けだし名判決というべきであろう。

恩師の攻撃　裁判によってドランドの功績はみとめられた。だがドランドは、この栄誉は、まだ一度も会っていない恩師クリンジェンスティエルナのおかげで得たものだと、いつもフェルナーに語っていたという。

ところが、さらに深く研究をつづけたドランドは、恩師の研究は信用できないものだと気づきはじめたのである。クリンジェンスティエルナはニュートンの考えをうちくだいたとばかり信じていたのに、実際はそうではなかったことを知ったからであった。

尊敬が深ければ深いほど、裏切られたことへのにくしみは深くなるものだ。尊敬はついに恩師への攻撃へと変わっていく。ショートもドランドを支持し、ついにドランドの発明にはクリンジエンスティエルナの研究はなにひとつ役立ってはいないとさえ強調するのである。

間にはいったフェルナーの気持はどうだったろう。わかるような気がする。しかしフェルナーは、このなかたがいが生じてからも、あいかわらずドランドやショート、さらに敵にされてしまったクリンジェンスティエルナとも親交をつづけるのであった。そして、おたがいの複雑な間をとりもちながら、色消しレンズの実用化のために、かげながら貢献したのである。

フェルナーの栄光　色消しレンズの発明と実用化にはたしたフェルナーの貢献がみとめられるときが来た。彼もまたイギリス王立協会、フランス科学アカデミーの、両方の会員にえらばれたからである。

ところで、フェルナーという天文学者を知っている人は何人いるだろうか。天文学の研究ではまったく知られていないし、とくに日本での出版物のなかには、私の知るかぎりでは彼の名は見当たらない。

しかし彼は一七六〇年代のほとんどの日食は観測しているし、一七六一年、一七六九年の金星による太陽面通過や、一七八六年の水星による太陽面通過も観測したという記録がのこっているという。

フェルナーは、いわば情報通として、とくに器械についての正確な知識については、当時の科学者たちはおどろかされたようだ。

一七五九年、スエーデンのウプサラ天文台のために、ショートに四五センチメートル反対望遠鏡を作らせた。これにはドランドの作ったマイクロメーターが組みこまれているのだが、九月三〇日には、わざわざ望遠鏡の組立に立ち会うほどの熱心さであった。

そして「これはすばらしい器械だ、きっとりっぱな観測をしてくれるだろう」と日記に書いた。――ところが、この望遠鏡は、なぜかあまり使用されず、そのまま現在も保管されているという。

フェルナーは一八〇二年になくなった。近代天文学が夜明けをむかえ、天体力学が芽をふくらましつつあったころであった。

屈折時代きたる　ニュートンの色消しについての報告は、反射望遠鏡の建造をうながしたが、一方では、もちろん彼に罪はないのだが、屈折望遠鏡の発達を数十年もおくらせてしまったようである。

しかし、オイラーによって手をつけられ、クリンジェンスティエルナ、ドランドと引きつがれた色消しレンズの発明は、ニュートンの誤りを明らかにしたばかりでなく、屈折望遠鏡の時代をまねいたのである（現在ではほかの理由で反射望遠鏡の方に多くの利点がみとめられている）。

ドランドは一七六一年に死んだが、むすこのP・ドランド（一七三〇—一八二〇）は、器械工ラムスデン（一七三五—一八〇〇）と力を合わせて、りっぱな屈折望遠鏡をつぎつぎに生み出していったのである。

初版の「まえがき」

私は一九七一年の三月号から、『天文と気象』という雑誌に、本書と同名のタイトルで連載ものを書いてきた。天文書のなかでは比較的かんたんに述べられていることがらにも、たくさんの天文家といわれる人たちが関係しているものだ。成功あり、失敗あり、笑いがあり涙があった。それを調べてみようと思い、私は暇にあかして内外の書物をむさぼり読んだ。これはたのしいことであった。そのたのしみを、読者の方がたにも味わってほしいと思って連載をはじめたのである。

連載をつづけていくにつれて、意外に反響の大きいことを知った。読者からのはげましをいただいたし、こんなことを調べて書いてほしいという注文もたくさん寄せられた。もちろんおしかりもあった。それに勇気づけられて、会社づとめの時間以外は、もっぱら文献あさりに費やすこととなった。はじめは、一年くらいの予定だったが、すでに二年半も書きつづけ、編集部の意向としては、もっとつづけてほしいという。こういう希望が出たということは、私のつたない「おはなし」が、少しは役に立ったということで、私としてはうれしくもあり、おどろきでもあった。とくに学校の先生方の希望が多いと聞くにつけ、責任の重さも痛感している。

多くの読者から、本にまとめて出してほしいという声が寄せられたが、私はまだ本を書くようながらではないと、かたくなに断わりつづけてきた。けれども、編集部からの再三のすすめにより、発表したもののなかから、とりあえず太陽系に関する部分だけをまとめることにした。一巻には太陽から火星までを収録してある。

まとめるにあたっては、雑誌のページ数による制限から書き足りなかったところがあったり、内容が古くなってしまったものもあったりしたので、すべて書きなおした。また本書のために新しく書下したものもある。

私自身文章はへたであり、意図したことを十分に表現できたかどうか、内心おそれているが、できるだけむずかしい術語を使わないよう努力したつもりである。そのためにかえってわかりにくくなったところもあるだろうが、これは私の勉強不足の結果である。

出版にあたり、私をはげましてくださった方がたに感謝するとともに、お世話になった地人書館の中田威夫社長、津田啓、林完次、市川正徳の諸氏にお礼を申上げる。

一九七三年七月

斉田　博

第三刷を出すにあたって

早いもので、本書を世に送り出してから二年半を経過した。この間、多方面の方がたから激励のお手紙をいただいたり、「続巻はいつ出るか」という問合わせが寄せられもした。これらの声援を心の支えとし、私は非力をかえりみず、これまでに第三巻まで出版、いま第四巻を執筆中である。

本書につづく第二巻には太陽系天体のうち小惑星、大惑星、彗星、流星を、第三巻には日、月食、地球、月、隕石についての「おはなし」を収録したが、執筆中の第四巻では、天文学者のエピソードを中心とした太陽系研究進展のあとを紹介するつもりである。この四巻で、太陽系篇をいちおう終え、つづいて恒星篇に入る予定である。

今回第三刷を発行するにあたり、私の思い違いを正し、さらに読者から寄せられた新しい資料、初版刊行後にわかった事実などを加えた。ここではいちいちお名前を掲げないが、ご親切な助言に対して、あつくお礼を申し上げる。

一方『天文と気象』誌への連載は六年に達し、現在は恒星天文学の分野を取扱っているので、この方もご愛読いただければ幸いに思う。

一九七六年六月　　著　者

参考文献

本書の執筆にあたっては、多くの文献を参考にしたが、そのうちおもなものを掲げておく。

Antoniadi, *The Planet Mars*
Ashbrook, *Roger Bacon and the Voynich Manuscript*
Berry A., *A short History of Astronomy*
Berry G., *Life on Mars ?*
Bishop, *Mars is a Boiling Cauldron*
Caidin, *The Case for Life on Mars*
Cajori, *A History of Physics Calder, Violent Universe*
Chapman, Cruikshank, *Mercury's Rotation and Visual Observations*
Gingerich, *The Satellites of Mars, Prediction and Discovery*
Hey, *The Radio Universe*
Hodgson, *Mercury— The Elusive Planet*

—, *The Search for Vulcan*

Jaki, *The Original Formulation of the Titius-Bode Law*

Johansson, *Bengt Ferrner and Achromatism*

Kolaczek, *Precessions of the Moon's Poles*

Land, *The Telescope Makers*

Moore, *The Planet Venus*

—, *The Picture History of Astronomy*

Nieto, *The Titius-Bode Law of Planetary Distances*

Nourse, *Nine Planets*

Ohring, *Weather on the Planets*

Richardson, *The Star Lovers*

Ronan, *Astronomy*

Shklovskii & Sagan, *Intelligent Life in Universe*

Schmeidler, *The Einstein Shift*

Sciama, *The Physical Foundations of General Relativity*

Shapiro, *Radar Observations of the Planet*

Sullivan, *We Are Not Alone*

Tricker, *Paths of the Planets*

Webb, *Celestial Objects for Common Telescopes*
小野実・秦茂・水垣和夫『太陽をとらえる』
木村精二『ミハイル・バシレビッチ・ロモノソフの周辺』
クック『太平洋航海記』（荒訳）
佐伯恒夫『火星とその観測』
斉藤国治『金星日面経過の古記録について』
世界の名著『ギリシャの科学』
田中 済『惑星とその観測』
ダンネマン『大自然科学史』（安田，加藤訳）
デーミン『太陽系の運命』（笹尾訳）
プトレマイオス『アルマゲスト』（藪内訳）
プロンシュテン『火星衛星のナゾ』
ホイップル『地球・月・惑星』（小尾・古在訳）
マレー『マリナー9号が観測した火星』（竹内訳）
宮本正太郎・服部昭・松井宗一・赤羽徳英『惑星をめぐる』
山本一清『四十八人の天文家』

【ま　行】

【や　行】

【ら　行】

【わ　行】

【た　行】

索　　引

おはなし天文学 1 〈新装版〉

2000年 6月25日　初版第1刷

著　者　斉田　博
発行者　上條　宰
発行所　株式会社 **地人書館**
162-0835 東京都新宿区中町15
電話 : 03-3235-4422　FAX : 03-3235-8984
e-mail : KYY02177@nifty.ne.jp
URL : http://www.chijinshokan.co.jp
郵便振替口座 : 00160-6-1532番
印刷所　平河工業社
製本所　イマヰ製本

ISBN4-8052-0652-7 C0044